이상명의
『행복한 귀농 · 귀촌을 위하여』

작물의 기초

이상명의
『행복한 귀농·귀촌을 위하여』
제1편: 작물의 기초

초판 1쇄 발행 2019년 6월 7일

지은이 이상명
펴낸이 장길수
펴낸곳 지식과감성#
출판등록 제2012-000081호

디자인 최지희
편집 이현, 최지희
교정 양수진
마케팅 고은빛

주소 서울시 금천구 벚꽃로298 대륭포스트타워6차 1212호
전화 070-4651-3730~4
팩스 070-4325-7006
이메일 ksbookup@naver.com
홈페이지 www.knsbookup.com

ISBN 979-11-6275-662-1(03520)
값 15,000원

ⓒ 이상명 2019 Printed in Korea

잘못된 책은 구입하신 곳에서 바꾸어 드립니다.
이 책의 전부 또는 일부 내용을 재사용하려면 사전에 저작권자와 펴낸곳의 동의를 받아야 합니다.

이 도서의 국립중앙도서관 출판예정도서목록(CIP)은 서지정보유통지원시스템
홈페이지(http://seoji.nl.go.kr)와 국가자료공동목록시스템(http://www.nl.go.kr/kolisnet)에서
이용하실 수 있습니다. (CIP제어번호 : CIP2019021656)

홈페이지 바로가기

제1편

이상명의
『행복한 귀농 · 귀촌을 위하여』

작물의 기초

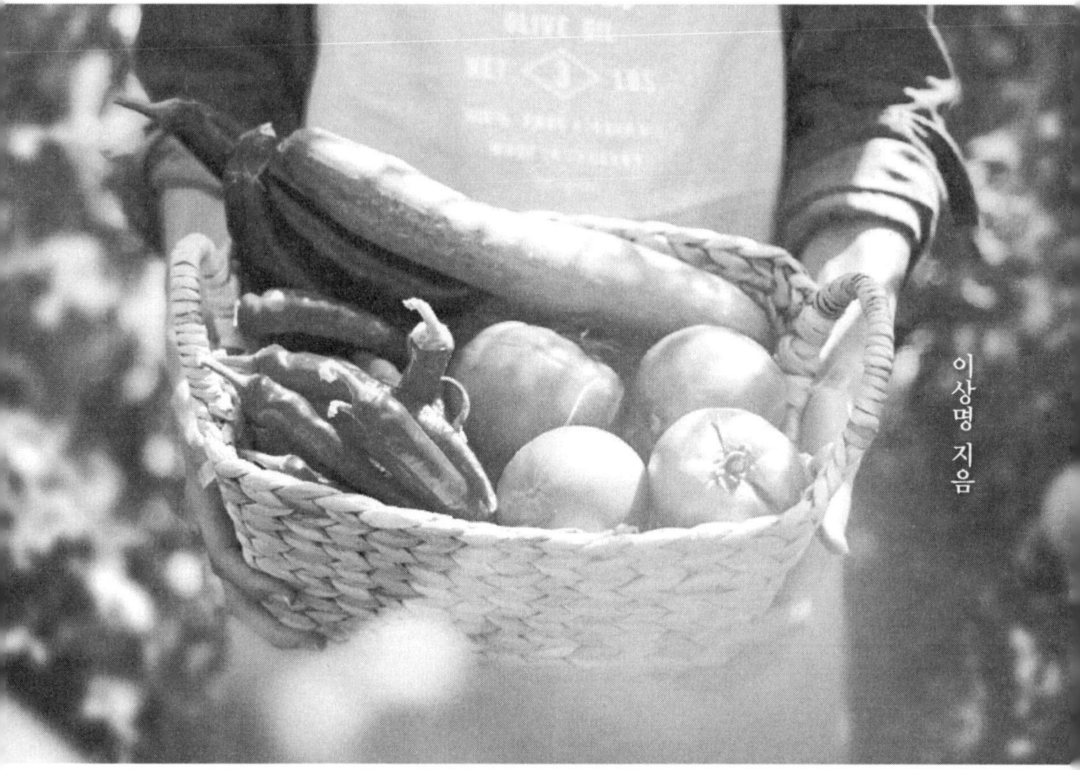

이상명 지음

스스로 행복할 수 있는 귀농 · 귀촌인이 되기 위해
귀농 · 귀촌을 희망하는 모든 분들의 행복한 삶을 응원한다

지식과감성#

prologue

　귀농어·귀촌 활성화 및 지원에 관한 법률이 2015년 시행되고 해마다 귀농·귀촌 인구가 늘어나면서 농업, 농촌에 새바람이 불고 있는 가운데 정부와 지자체는 정책적인 각종 지원책을 통해 활발한 귀농·귀촌 활동을 펼치고 있다.

　필자는 2017년 출간한 초보 귀농·귀촌인을 위한 서브노트 『당신의 봄날』에 이어, 귀농·귀촌을 꿈꾸는 모든 분들이 시행착오를 최소화하고 안정적이고 행복한 귀농·귀촌에 연착륙할 수 있도록 10여 년간 농업, 농촌의 현장에서 펼친 농촌 지도 활동을 주요 작목에 대한 가이드북으로 담아내어 귀농·귀촌을 준비하는 모든 분들에게 실질적인 도움을 드리고자 한다.

　또한 농업의 새로운 비전인 '돈 버는 창조농업 실현'으로 농업인이 주인이 되고 행복한 농업, 농촌을 만드는 데 최선을 다하고자 한다.

목차

prologue · 5

1. 행복한 당신의 봄날을 위하여! · 9

2. 귀농·귀촌의 統合的 접근(Integrated approach) · 13
- 가 귀농·귀촌 핵심 지원사업 · 19
- 나 귀농·귀촌 꿀팁: 이것만은 알아 두자! · 23

3. 작물재배의 기초 · 31
- 가 재배의 개념 이해 · 32
- 나 작물재배의 기초 · 34
- 다 과수의 기초 · 34
- 라 채소의 기초 · 35
- 마 고추 탄저병 · 35

4. 양봉의 기초(꿀벌 키우기 기초 상식) · 37
- 가 양봉의 연혁 및 시장 변화 · 38
- 나 양봉산물의 효능(벌꿀, 화분, 로열젤리 등) · 39
- 다 양봉 사양기술, 어떻게 시작할까? · 39
- 라 말벌 퇴치의 중요성 · 45
- 마 초보자를 위한 양봉 팁 · 46

5. 밭작물 · 55
   (콩, 옥수수, 고구마, 감자, 고추 월별 실천 사항)

6. 알기 쉬운 PLS · 81
   (농약허용물질 목록관리제도)

7. 딸기의 이해 · 83
   (설향 품종을 중심으로)

8. 과수 · 89
   (블루베리, 사과, 감)

9. 약초 · 107
   (황기, 둥굴레, 오미자, 백수오)

10. 산채 · 133
    (두릅, 산마늘)

11. 식용곤충의 의미 · 143

📖 epilogue · 146

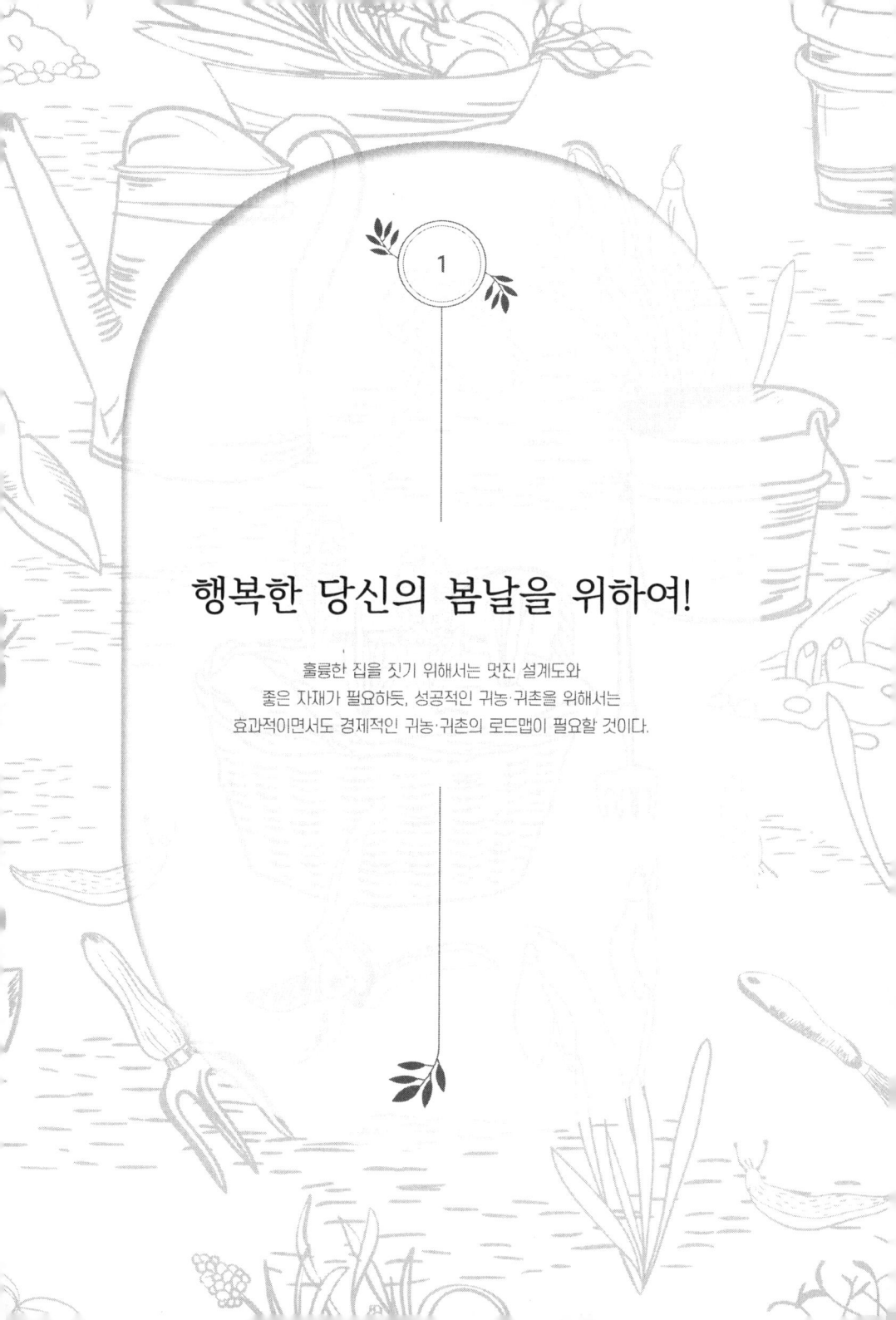

1

행복한 당신의 봄날을 위하여!

훌륭한 집을 짓기 위해서는 멋진 설계도와
좋은 자재가 필요하듯, 성공적인 귀농·귀촌을 위해서는
효과적이면서도 경제적인 귀농·귀촌의 로드맵이 필요할 것이다.

1. 행복한 당신의 봄날을 위하여!

귀농·귀촌은 인생의 변화이며 새로운 도전이다.

따라서 이 변화에는 수많은 시행착오가 뒤따를 것이다.

훌륭한 집을 짓기 위해서는 멋진 설계도와 좋은 자재가 필요하듯, 성공적인 귀농·귀촌을 위해서는 효과적이면서도 경제적인 귀농·귀촌의 로드맵이 필요할 것이다.

현재 귀농·귀촌사업은 농어업 창업 및 주택 구입 지원, 귀농인 선도실습, 체류형 농업창업지원센터, 도시민 농촌유치지원사업, 귀농인의 집, 귀농·귀촌교육 등 다양한 형태로 널리 전개되고 있다.

위에서 열거한 모든 분야가 행복하고 성공적인 귀농·귀촌을 준비하는 모든 분들에게 소중한 밀알 같은 품목이다.

하지만 무엇보다도 주요 작물에 대한 기초적인 재배 지식이 선행되어야 한다.

이에 필자는 주요 작목에 대한 핵심 영농 정보를 제공하고 여러분들이 좀 더 쉽게 이해할 수 있도록 하여, 행복하고 성공적인 귀농·귀촌의 준비를 작물에 대한 기본적인 이해로부터 시작하고자 한다.

人生 – 꿀팁

인생의 달콤한 꿀을 얻기 위해서는
가치 있는 일을 부지런히 해야 한다.
그리고 꿀벌을 해치는 말벌을 쫓아 버리거나 제거해야 한다.
마음속에 드리워진 모든 부정적 그림자를 멀리하고
즐거운 웃음이 내 몸을 감싸 안고 떠나지 않게
이 순간을 즐겨라.

우리의 현재는 먼 훗날 그리움이기 때문에
더욱, 지금 이 순간 행복하자!

희망의 밀랍으로 영혼을 채워라.
달콤한 인생은 우리 마음속에 있으며
인생은 꿈꾸는 자의 것이다.

2

귀농·귀촌의 統合的 접근
(Integrated approach)

귀농·귀촌은 가치 지향적(Value-oriented)인
삶의 패러다임 變化이다.

2
귀농·귀촌의 統合的 접근
(Integrated approach)

 귀농·귀촌은 가치 지향적(Value-oriented)인 삶의 패러다임 變化이다.

 행복하고 성공적인 귀농·귀촌을 위해서 두 가지 전략(two track)이 전제되어야 할 것이다.
 가장 중요한 것은 인생의 가치적 측면에서 행복한 삶을 이끌어낼 수 있는 마음가짐이며, 두 번째는 이러한 마음가짐을 현실적이고 구체적으로 농업, 농촌의 현장에서 풀어내는 작업이다.
 먼저 철저한 사전 준비 절차를 거쳐야 한다.
 농업, 농촌을 이해하고 정말로 행복한 촌뜨기로 녹아들기 위해 노력해야 하며, 정착 과정에서 가족 간의 사랑을 실천하고 이웃과의 갈등, 외로움 등 눈앞에 다가선 장애들을 웃으면서 극복할 수 있어야 한다.
 웃으면서 극복한다는 의미는 즐겨야 성공할 수 있다는 의미의 다른 표현이다.
 즉 귀농·귀촌의 과정에서 겪는 수많은 시행착오를 고통스럽게 받아들이지 말고 긍정적으로 받아들여 자신의 장점으로 소화시켜야 한다.

귀농 실패의 주된 원인은 준비 부족(48%), 자금 부족(13%), 소득원 확보 실패(11%), 현지인과의 불화(9%) 등으로 아직도 철저하게 준비되지 않은 귀농이 많은 것이 현실이다.

귀농 만족도를 살펴보더라도 잘한 편(33%), 보통(47%), 잘 못한 편(10%), 아주 잘한 편(10%) 순으로 나타났다.

100시간 이상의 교육 수료 후 귀농·귀촌은 전체의 6%에 불과하다. 준비되지 않은 귀농은 필연적으로 실패로 나타날 가능성이 있다.

최근에 귀농·귀촌 인구가 늘어나는 지역이 있는가 하면 급격히 감소하는 지역도 있다. 지역적인 귀농 지원 정책의 영향도 크지만 철저한 사전 준비가 없이 귀농하는 사람도 많기 때문이다.

귀농 과정에서 시행착오를 최소화하고 성공적으로 지역사회에 정착하기 위해 필자는 통합적인 접근을 주장한다.

첫 번째는 정신적, 육체적, 경제적 측면의 통합적 접근 방법이다.

먼저 귀농·귀촌의 목적을 분명하게 하고, 자신의 연령을 감안하여 귀농·귀촌에 필요한 체력적인 면도 동시에 고려하면서 자신의 현재 가용한 자산, 자본 상태를 점검하고 5년 단위로 생활 계획서를 작성하여 분석한다.

두 번째는 귀농교육, 귀농 지원사업, 단체(지역의 귀농·귀촌 협의회 등)의 통합적 접근이다.

먼저 귀농교육을 받으면서 자연스럽게 어떤 지원사업들이 있는가를 살펴보고 지역에서 활동하고 있는 귀농·귀촌 협의회나 단체 등에 가입하여 활동하는 것이 정착 과정에서 많은 도움이 된다.

이때 시군농업기술센터 직원의 카운슬링을 받는 것은 매우 좋은 방법이 될 것이다.

귀농·귀촌팀을 찾는 대부분의 고객들은 문을 들어서자마자 지원해 주는 자금에 대해 먼저 묻는다.

물론 귀농·귀촌 지원사업의 내용이 중요한 것은 사실이다.

하지만 철저한 사전 준비 없이 귀농 지원자금만을 생각하고 일을 벌여서는 실패 가능성이 높다.

농업은 자금만으로 운영할 수 있는 분야가 아니다.

현실적으로 시장 경제의 원리 이외에 수많은 변수가 작용하기 때문이다.

따라서 처음에는 작게 시작하여 돈을 벌어 가면서 확장하는 형태가 좋을 듯싶다.

세 번째는 농지, 농가 주택, 농업인, 농업 지원 정책을 유기적이고 통합적으로 이해해야 한다.

그러면 구체적 예를 들어 보자.

이상명이라는 45세 남자가 서울 강남에 살다가 귀농을 결심했다면 무엇부터 고민해야 할까?

먼저 귀농인가? 귀촌인가? 명확한 목표를 설정하고, 내가 정말로 행복한 제2의 인생을 살 수 있을까를 먼저 고민해 봐야 한다. 이 과정에서 가정의 행복을 먼저 고려하고 인생계획서(5년 단위로 구체적으로 작성)를 작성한다.

인생계획서를 작성하고 나면 구체적인 귀농사업계획서(5년 단위)를 작성해야 한다.

각종 귀농 정보를 수집하여 작목과 귀농 지역을 신중하게 선택해야 한다.

'충주시 살미면 창골길 89'로 지역과 거주지를 정했다고 가정해 보자.

지금부터는 귀농교육 100시간을 포함한 각종 교육에 초점을 맞추어야 한다. 이론교육뿐만 아니라 내가 선택한 작목의 선도농가에서 현장실습을 하는 것이 가장 좋은 방법이다(1년 내외).

작목 선택은 판매(시장성)를 항상 염두에 둬야 하고, 귀농자금은 처음은 아껴 쓰고 돈을 벌어서 확장한다는 생각으로 시작한다. 주택자금도 마찬가지이다.

정착하기까지의 5년 동안에 힘든 일이 많으므로 나만의 차별화된 귀농 전략을 생각해 봐야 한다.

정착을 하게 되면 이웃이 생기게 된다.

정착 지역의 사회, 문화적 요건과 분위기, 지역민과의 유대에도 신경을 쓰고 먼저 이웃에게 인사하고 다가서야 한다. 바로 이 과정에서 도와줄 사람을 만날 수 있을 것이다.

이장님, 귀농 선배, 선도농가, 행정기관, 농업기술센터 직원 등 대상은 실로 다양하다.

시골 생활의 인적 네트워크는 생각보다 영향력이 크다는 사실을 늘 명심해야 한다.

농지 및 귀농·귀촌에 관한 정책적 지원, 작물에 대한 전문적인 지식 등에 대해서도 폭넓게 이해해야 한다.

가 귀농·귀촌 핵심 지원사업

귀농·귀촌 지원사업은 융자 지원, 자격 지원, 청년 지원, 현장실습 지원 등 다양하게 지자체별로 펼쳐지고 있다.

공통적으로 지원되는 사업이 있는가 하면 지역체 고유의 사업이 있으므로 귀농 선택 지역의 귀농·귀촌사업을 신중하게 잘 알아보는 작업이 필요하다.

먼저 가장 기본적인 개념부터 살펴보자.

1. 귀농인

- 도시지역에서 1년 이상 주민등록이 되어 있던 자가 농업인이 되기 위해 농촌지역으로 전입한 지 5년 이내인 자
- 농업경영체에 등록한 사람(도시 2년 이내)
  ※ 농촌지역에 거주하는 자 중 농업인이 되고자 하는 경우 귀농인 인정 (2019. 7. 1. 부터 적용)
- 애매한 부분이 많아 세부적인 지침이 내려와야 할 사항이며 본인이 귀농인에 해당하는가를 정확히 알려면 초본(주소 이력 포함)을 가지고 귀농·귀촌 팀에 상담하면 된다.

2. 귀촌인

- 도시지역에서 농촌지역으로 주민등록 전입신고를 하고 전원생활을 하는 자
  ※ 토지이용규제정보서비스를 이용하면 지역의 상세한 내역을 알 수 있다.

3. 귀농 농업창업 지원사업의 예시

가. 지원 자격(모두 충족해야 함)

○ 귀농교육 100시간 이수자(농고/농대 졸업자 및 영농 종사 경력 6개월 이상인 자는 제외). 영농 종사 경력은 객관적 증빙이 가능해야 함
○ 1년 이상 도시지역 거주 후 농촌지역 전입 5년 이내 세대주
○ 농업경영체 등록자 또는 농지 구입 예정자(1년 이내 등록)

나. 나이 제한

만 65세 이하

다. 대출 금액

○ 3억 원(2%, 5년 거치 10년 상환)
○ 4회에 나누어 신청 가능
○ 중도 상환 수수료 없음

라. 자금 용도

농지 구입, 농업시설자금 등

마. 지원 제외

○ 상근 근로자, 사업자등록증 소지자
○ 농업 외 소득 3,700만 원 이상인 자(연금, 임대 등)
○ 농업을 전업으로 할 예정자에게 지원한다고 이해

위의 사항은 신청 자격일 뿐이고 선정은 별도의 사항이다.
삼림 분야에도 이와 유사한 사업이 있으므로 임야가 있는 사람은 산림조합에 문의하면 된다.

4. 귀농 주택 구입 융자 지원(매매, 신축, 증개축)

가. 지원 자격
위의 농업창업 지원 자격과 동일

나. 나이 제한
없음

다. 대출 금액
7,500만 원(2%, 5년 거치, 10년 상환) 1회

라. 자금 용도
주택 구입, 신축, 대지 구입 등

마. 지원 제외
- 상근 근로자, 사업자등록증 소지자
- 농업 외 소득 3,700만 원 이상인 자(연금, 임대 등)

5. 신규농업인(귀농인) 현장실습교육

가. 목적
귀농인에게 단계별 실습교육을 통해 안정적 연착륙 유도

나. 기간
3~7개월에서 탄력적 운영

다. 내용
선도농가(멘토) - 연수농가(멘티) 매칭으로 작목기술 연수 체계화

라. 지원 기준
○ 교육훈련비 지급
- 매월 10일 이상(1일 8시간 기준) 연수자에 한하여 교육훈련비 지급
  (월 80만 원 한도)
- 1일 지급 단가 산정 기준(8시간): 4만 원
- 선도농가는 연수생 1인당 40만 원 한도

마. 신청 서류
신청서, 등본, 초본(주소 이력 포함), 건강보험증, 농업경영체 등록증

위의 세 가지 사업이 가장 핵심적인 지원사업의 내용이고 귀농 농업인 소규모 창업자금 지원, 귀농인 농가 주택 수리비, 귀농인 경작지 임대료 지원, 귀농인의 집 등이 있다.
지자체에 따라 조금씩 다를 수 있으므로 해당 지자체 귀농 관련 부서에서 카운슬링을 받으면 된다.

나 귀농·귀촌 꿀팁: 이것만은 알아 두자!

1. 농지

농지는 헌법 제121조 1항(경자유전의 원칙과 농지소작제 금지)에 근거를 두고 있으며 국토 면적의 약 17%를 차지하고 있다. 농지는 농업인, 농업법인(영농조합, 농업회사), 농업인이 될 자가 소유할 수 있으며 초지, 목장 용지, 관상용 수목이 식재된 곳은 농지가 아니다. 일반적으로 부동산은 등기주의를 원칙으로 하는데 농지취득자격증명은 농업경영계획서를 작성한다. 축사 부지는 2007년 이전 축사 부지는 농지가 아니었으나 그 이후는 농지로 본다.

가. 농지 구매 시 유의사항
- 반드시 현지 확인, 소유자 확인, 경계 확인
- 정당한 사유 없이 농사를 짓지 않을 경우 농지 처분 통지 받음
- 처분하지 않을 경우 매년 이행강제금 부과(공시지가의 20%)

나. 농지은행

농지매매, 임대차, 교환분합, 농지유동화 정보관리 등을 통한 영농 규모 적정화, 농지의 효율적 이용, 농업구조 개선, 농지 시장 안정 및 농업인의 소득 안정 지원을 목적으로 하며 귀농인들이 많이 이용한다.

2. 농가주택

가. 구매 절차

현지 확인 단계에서는 도로, 경치, 주변 시설, 인접 토지와의 경계를 확인하고 소유자 확인 단계에서는 건물(토지) 등기부등본, 도시계획확인원, 건축물대장, 지적도 등을 명확하게 확인한다.

상속주택 구매 시 상속인 여부를 확인하고 토지소유자와 건축물소유자 일치 여부, 무허가 건물 여부(빈집 등) 등을 꼼꼼히 살펴본다.

나. 유의사항

실제 이용되는 도로는 있으나 지적도상 도로가 없는 경우가 많다. 토지거래 허가구역인지 확인해야 하며 리모델링(개조) 가능 여부도 살펴 본다.

배산임수에 기초해 뒷면에 야산이 접해 있고 포근한 느낌을 주는 남향이 좋으며 주변에 혐오시설, 위험시설이 없고, 시야가 탁 트인 곳이며 물은 집을 기준으로 왼쪽으로 흐르는 것이 풍수에도 좋다고 한다.

※ 배산임수(背山臨水), 전저후고(前低後高), 좌수(左水)

3. 농업용 농막

(법적 근거: 「농지법 시행규칙 3조 2항」)

농작업에 필요한 농자재, 농기계 보관, 수확 농작물 간이 처리, 또는 일시 휴식을 위하여 설치하는 시설로, 주거 목적이 아닌 것이고 연면적 20m² 이하(6평)이며 전기, 수도, 가스는 타 법령에 저촉되지 않고 주거 목적이 아니면 가능하다. 해당 농지 읍면에 가설건축물 신고 후 설치하면 된다.

4. 농업인

농업에 종사하는 자로 다음 사항에 해당되어야 한다(농지법 제2조 등).

- 1,000m² 이상의 농지에서 농작물 또는 다년생 식물을 경작 또는 재배하거나 1년 중 90일 이상 농업에 종사하는 자
- 농지에 330m² 이상의 고정식 온실, 버섯재배사, 비닐하우스, 기타 농업 생산에 필요한 시설을 설치하여 농작물 또는 다년생 식물을 경작 또는 재배하는 자
- 대 가축 2두, 중 가축 10두, 소 가축 100두, 가금 1,000수, 또는 꿀벌 10군 이상을 사육하거나 1년 중 120일 이상 축산업에 종사하는 자
- 농업경영을 통한 농산물의 연간 판매액이 120만 원 이상인 자
- 농산물 가공, 유통, 판매에 1년 이상 종사한 자

5. 농지원부 활용 범위(혜택)

가. 세금 감면

8년 이상 자경용지에 대한 양도소득세 감면 등 각종 농업 세제 혜택 시 필수 제출 서류

나. 농업인의 보험료 지원

농업인의 건강보험료 경감 지원 대상자 선정 시 기초 자료로 활용

다. 농업인 자녀 학자금 지원

라. 농협 조합원 가입

마. 정부 지원 대상 대상자 확인용

바. 농업인(조합원)이 되면

　　정책 지원, 영농자금, 농업용 전기, 면세유, 조세 우대 등 혜택

　　(농지원부 – 농업경영체 등록 – 조합원)

6. 영농법인

「농어업경영체 육성 및 지원에 관한 법률」 제16조에 따라 설립된 영농조합법인과 동법 제19조에 따라 설립되고 업무집행권을 가진 자 1/3 이상이 농업인인 농업회사법인을 말한다.

○ 국고 보조사업은 농업법인을 우선 지원
　농업법인에는 영농조합법인(5인)과 농업회사법인(상법상 규정에 의함)이 있음
○ 농림수산부 농수산사업 시행지침서에 의하면, 법인 설립 1년 이상, 법인 적립금 1억 이상 조직원은 5인 이상의 농업인으로 구성해야 하는 것이 필수 (지원사업별 조건 준수)
○ 정부 보조사업의 수혜 목적이 크다면 5인 이상의 영농조합법인을 구성하는 것이 좋으며 농협 지원은 작목반 구성도 좋은 방법이 될 것이다.
○ 가까운 농업기술센터나 농협에서 상담 가능

7. 귀농인이 알아 두면 좋은 민법 상식

가. 민법 제212조(토지소유권의 범위)
토지의 소유권은 정당한 이익 있는 범위 내에서 토지의 상하에 미친다.
○ 지표면 상의 자연석: 토지의 일부
○ 지하수: 토지의 구성 성분으로 본다.
○ 온천수: 토지의 구성 성분으로 본다.
○ 동굴: 수직선 내에 속하는 부분은 토지소유권의 범위에 속한다.
○ 광물: 광물 중 일부는 그 소유권이 국가에 있다.

나. 상대방에 대한 통지(의사 표시) - 내용증명
○ 내용증명 우편제도는 우편법에 의한 것으로서 누가, 언제, 어떤 내용의 문서를 누구에게 발송한 것인지를 우체국이 공적으로 증명하는 제도
○ 채무이행청구, 계약 해제 등 일정한 법률 효과를 발생시킬 수 있는 의사 표시 또는 의사 통지를 포함한 우편물의 내용과 발송일자를 증거로 남겨 두어야 할 필요성이 있는 경우에 많이 이용됨
○ 같은 내용의 내용증명서 세 통을 작성하여 우체국에서 내용증명우편 절차를 거치게 됨

※ 내용과 발송 사실만을 우편관서에서 증명해 주는 것일 뿐 법적 효력이 인정되는 것은 아님

다. 경계표, 담의 설치권(제237조)
○ 제1항: 인접하여 토지를 소유한 자는 공동비용으로 통상의 경계표나 담을 설치할 수 있다.
○ 제2항: 전항의 비용은 쌍방이 절반하여 부담한다. 그러나 측량비용은 토지의 면적에 비례하여 부담한다.
○ 제3항: 다른 관습이 있으면 그 관습에 의한다.

라. 수지 목근 제거권(제240조)

- 제1항: 인접지의 수목 가지가 경계를 넘는 때에는 그 소유자에 대하여 가지의 제거를 청구할 수 있다
- 제2항: 전항의 청구에 응하지 아니한 때에는 청구자가 그 가지를 제거할 수 있다.
- 제3항: 인접지의 수목 뿌리가 경계를 넘은 때에는 임의로 제거할 수 있다

마. 농작물에 대한 판례

농작물(고추, 마늘 등)에 대하여는 적법한 경작 권한 없이 타인의 토지에 농작물을 경작하였더라도 그 경작한 농작물은 경작자에게 소유권이 있는 것이며, 따라서 그 수확도 경작자만이 할 수 있다.

바. 경계선 부근의 건축

- 제1항: 건물을 축조함에는 특별한 관습이 없으면 경계로부터 반 m 이상의 거리를 두어야 한다.
- 건축법과의 관계 – 상업지역의 맞벽 설치

사. 차면시설 의무(제243조) – 건축법

- 건축법시행령 제55조(창문 등의 차면시설)
- 인접 대지 경계선으로부터 직선거리 2m 이내에 이웃 주택의 내부가 보이는 창문을 설치하는 경우에는 차면시설을 설치하여야 한다.

소녀와 간이역

이른 아침 미소가 예쁜 소녀를 떠난 기차는
철길 위에서 길 잃은 나를 태우고 어디론가 달려가고
가을 들녘 회색 구름은 이윽고 비가 되어
내 마음에 흩뿌리니,
썰어 놓은 김밥 같은 기차 칸마다 부족한 삶을
추억 삼아 하루를 화살처럼 달려 보아도
허무의 그림자는 끝이 없어라.

소녀와 만나게 될 코스모스 핀 간이역에서
영혼의 아메리카노를 마시며 빈 가슴을 채우리라.

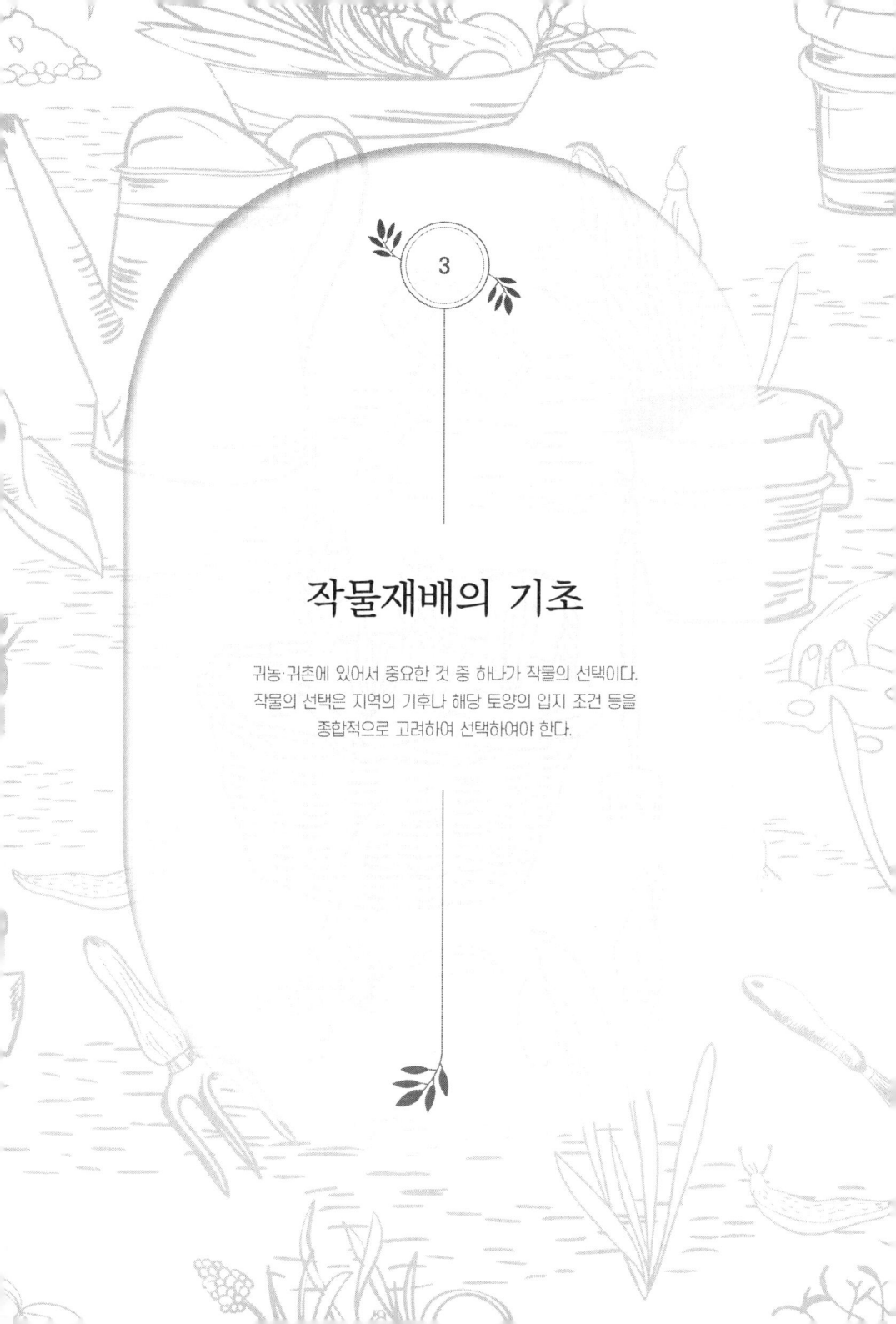

작물재배의 기초

귀농·귀촌에 있어서 중요한 것 중 하나가 작물의 선택이다.
작물의 선택은 지역의 기후나 해당 토양의 입지 조건 등을
종합적으로 고려하여 선택하여야 한다.

3
작물재배의 기초

가 재배의 개념 이해

　재배란 작물을 인간에게 유용한 이용성과 경제성을 목적으로 활용하여 소득을 높이는 총체적인 농업적 활동을 의미하며 유전성, 환경, 재배기술 3요소가 작물의 수량을 결정한다.

　작물을 이해하기 위해서는 재배환경에 대한 기본적인 이해를 전제조건으로 한다.

　재배환경은 토양, 수분, 공기, 온도, 광합성 작용 등을 통합적 메커니즘으로 이해하여야 한다.

　토양은 지력(토양의 작물 생산력, 토양 비옥도 등), 토성(사토, 사양토, 양토, 식양토, 식토), 입단이 발달한 토양(작물 생육에 가장 좋은 토양 구조)은 토양이 비옥하고 수분과 양분 보유력이 좋으며 유용 미생물의 활동이 좋은 토양이다. 가까운 시군농업기술센터에 토양 분석을 의뢰하면 다양한 토양 정보를 얻을 수 있다(필수적).

　무기성분의 종류에는 16개의 필수 원소가 있으며, C, H, O, N, P, K, Ca, Mg, S의 9개의 다량원소와 Fe, Mn, Cu, Zn, B, Mo, Cl 7개의 미량원소로 구분한다.

비료의 4요소는 N(질소), P(인산), K(칼리), Ca(칼슘)이며 작물 생육은 중성~미산성(pH 7.0~6.0)에서 가장 좋다. 산성토양이 강한 작물로는 벼, 귀리, 땅콩, 감자, 호밀, 수박 등이 있고 사탕무, 수수, 유채, 보리 등은 알칼리성 토양에서 강하다.

광합성에 영향을 주는 요인은 빛의 세기, 온도, CO_2 농도가 있으며 총광합성량 – 호흡량이 순광합성량이 된다.

같은 종류의 작물을 동일한 포장에 계속하여 재배하면 연작장해(기지현상)가 나타나기 때문에 윤작(돌려짓기) 및 객토, 퇴비, 유기물을 시용하여 피해를 경감한다.

연작의 해가 적은 작물로는 벼, 맥류, 옥수수, 고구마, 무, 양파, 딸기 등이 있으며 1년 휴작은 쪽파, 시금치, 콩, 파, 2년 휴작은 땅콩, 마, 감자, 잠두, 오이, 3년 휴작은 참외, 강낭콩, 토란, 쑥갓, 5~7년 휴작은 가지, 수박, 고추, 토마토, 우엉, 10년 이상은 아마, 인삼 등이 있다.

귀농·귀촌에 있어서 중요한 것 중 하나가 작물의 선택이다.

작물의 선택은 지역의 기후나 해당 토양의 입지 조건 등을 종합적으로 고려하여 선택하여야 한다.

나 작물재배의 기초

- 작물은 일반적으로 약산성~중성, 양토~식양토에서 생육이 양호
- 토양 관리의 중요성(식물병의 90%가 토양에서 발생)
- 광합성: 물 + 빛(광) + CO_2
- 과습하면 병의 발생률이 높고 건조하면 충(해충)의 발생이 쉽다.
- 시설하우스: pH가 높으면 암모니아 가스 발생이 높아짐
  (pH = 7(중성) 이하는 산성, 이상은 알칼리성)
- 제초제: 일반적으로 6시간 넘으면 효과 발생
- 동해와 냉해: 동해는 갑자기 기온이 영하로 떨어져 식물이 얼어서 발생하는 피해를 말하고, 냉해는 0℃ 이상의 영상 온도에서 발생하는 냉온 피해를 말함

다 과수의 기초

- 과수의 기본은 배수(물 빠짐이 중요)
- 가지치기(전정)의 목적: 수광태세(햇빛이 들어오게)와 수고(착과 높이) 조절 (3m 정도)
- 열매솎기: 부모의 경제력 범위에서 자녀를 양육하는 개념으로 이해하면 된다.
- 과일 키우기: 수정 후 한 달 이내(초기)에 양분이 많아짐
- 착색: 착색이 오는 시기를 지속적으로 유지하는 게 중요
- 과원 조성: 땅이 얼마나 부드러운가? 포장 조성은 전년도가 중요(복토 후 바로 재식하지 않고 도로 밑은 좋지 않다.)
- 작목 선택의 기준으로 자본, 재배 용이성, 판매, 유통에 초점을 맞추어야 하는데 특히 과수는 묘목을 심고 수확까지 3~4년이 걸리므로 신중하게 선택한다.
- 대표 품종: 사과(후지), 배(신고), 단감(부유), 포도(캠벨얼리/거봉), 복숭아(장호원 황도/천중도 백도)

라 채소의 기초

o 채소는 정식 후 햇볕(光)이 가장 중요하다(일조 부족: 가장 피해가 크다(연약, 도장)). 강광(일소 피해) 기온은 12℃ 이하로 떨어지지 않게 하고 지온은 땅 속 온도가 14℃ 이상 되어야 한다(정식 1주 전 멀칭재배). 16℃ 이상에서 수정, 25℃에서 가장 좋은 수정을 보인다.
o 채소 토양은 유기물 사용(퇴비)이 중요하다.

마 고추 탄저병

o 주로 과실에 발생하고 감염 부위가 수침상으로 되며, 약간 함몰된 후에 병반은 원형 내지 부정형의 겹무늬 모양, 습하면 황갈색의 포자 덩어리 형성, 건조하면 미라처럼 변한다.
o 지난해 버려둔 병든 잔재물이 중요한 1차 전염원이다.
o 장마가 길고 비가 잦은 경우 병 발생이 많고, 병원균의 90% 이상이 비가 올 때 빗물에 의해 전파된다.
o 28~30℃의 고온성 상처 부위 감염
o 시설하우스 재배는 노지 재배보다 탄저병이 적게 발생한다.
o 가을 수확 후 뿌리까지 태운다(탄저병균 월동).
o 예방+치료(비 오기 전 그리고 비 온 후 한 번 더 방제)
o 재식 거리를 넓히고 두둑을 높게 하여 물 빠짐이 좋게 되면 탄저에 대한 저항성이 높아진다.
o 고추 탄저병 전문 약제로 등록된 농약은 비교적 효과가 우수하며 식물체에 약액이 충분히 묻어야 효과가 있기 때문에 약액이 묻도록 밑에서 위로 살포한다.

4

양봉의 기초
(꿀벌 키우기 기초 상식)

벌꿀은 피로회복, 빈혈 예방, 천연 종합영양제, 미용 효과 등
현대인에게 다양한 선물을 주고 있다.

4
양봉의 기초
(꿀벌 키우기 기초 상식)

가 양봉의 연혁 및 시장 변화

근대 양봉(서양종)의 시작은 구한말 독일 선교사들에 의해 꿀벌이 도입되면서 1900년대 초 한국에서 처음 시작되었으며 현재 이탈리안종과 코카시안종이 주종을 이루고 있다.

1960년대에 이르러 벌꿀과 밀납 생산뿐만 아니라 로열젤리 생산이 시작되었으며 1970년대 말에는 화분 생산, 1985년 이후로 봉독 생산, 화분 매개 수정벌, 프로폴리스 등 다양한 산물을 생산하고 있다.

양봉산물 중 벌꿀이 총 생산액의 60% 이상을 차지하고 있으며 벌꿀의 70% 이상이 도매로 판매되고 있다.

전 세계 벌꿀 시장은 2000년까지 대량생산에 초점이 맞추어졌으나, 2000년부터 2010년까지는 기능성에 중심을 둔 고품질 양봉산물 생산의 시기를 거쳐 2018년 현재는 꿀벌의 공익적 가치와 소비자의 기호에 초점을 맞춘 고품질 중심으로 전환되고 있다.

나 양봉산물의 효능(벌꿀, 화분, 로열젤리 등)

꿀벌이 1kg의 꿀을 모으는 데 560만 개의 꽃을 찾아다녀야 한다. 양봉산물은 크게 벌꿀, 화분, 로열젤리 등 세 개로 나눌 수 있다.

벌꿀은 피로회복, 빈혈 예방, 천연 종합영양제, 미용 효과 등 현대인에게 다양한 선물을 주고 있다.

화분(꽃가루)은 고단위의 영양소와 여러 가지 비타민을 갖고 있어 모세혈관을 튼튼히 하는 작용과 체내 노폐물 제거, 체력 증강 및 정력 증강, 빈혈, 신경장애 등에도 도움이 된다.

로열젤리는 전체의 2/3 수분이고 단백질, 탄수화물, 지방, 미네랄, 칼슘, 철 등과 각종 아미노산이 함유되어 있어 기능성 건강 물질로 각광을 받고 있다.

프로폴리스(봉교)는 꿀벌이 식물의 진액을 수집하여 타액으로 가공한 후 큰턱으로 씹은 끈적끈적한 물질로, 살균력이 강하여 각종 세균성 질환, 구강과 위장 내의 염증, 성인병 등에 유효하다는 사실이 알려져 찾는 소비자들이 늘고 있다.

다 양봉 사양기술, 어떻게 시작할까?

몇 년 전만 해도 양봉과 표고버섯 재배는 초보 귀농인들에게 매우 인기 있는 귀농 아이템이었다.

다른 작목보다 상대적으로 초기비용이 적게 들면서 소면적에서 기술중심적으로 접근할 수 있었던 데 그 주요한 이유가 있다.

현재도 양봉을 시작하는 귀농·귀촌인이 점차 늘고 있는 추세이다. 따라서 시군농업기술센터에는 양봉 및 토종벌 사육기술을 배우기 위해 교육 및 사양기술 문의가 나날이 늘고 있다.

문의사항은 교육을 어디서 받는가와 양봉자재 구입처, 사양기술, 연구회 등 법인 구성, 밀원식물 재배 등이다.

현재 충주시농업기술센터에도 두 개의 연구회(양봉, 토종벌)가 활발하게 활동하고 있으며 연구회별 매월 과제교육도 실시하고 있다.

양봉을 시작하려는 초보 귀농·귀촌인에게 필자는 도제식 현장교육을 권장한다.

이론교육을 수강하고 벌통을 사서 본격적인 양봉을 시작하는 것도 좋지만, 이론과 현장은 많은 괴리가 있기 때문에 이론을 이해하는 것도 어렵고 사양관리의 현장에 접목하기도 매우 힘들다.

따라서 시군센터 담당자와 먼저 상담한 뒤 양봉 선도농가를 소개받아 현장에서 견습생으로 일정 기간(1년 이상)을 배운 뒤에 벌통(10개 정도) 및 기자재를 2월 초에 구입하여 본격적으로 시작해 보는 것도 괜찮을 듯싶다. 벌통 및 기자재를 2월 초에 구입하는 이유는 초보자는 월동 사양기술이 매우 부족하기 때문이다. 그래서 겨울을 나면서 벌을 많이 죽이는 사례를 많이 보았다. 2월부터 시작하면(선도농가와 멘토-멘티 활동) 그해 꿀을 채취할 수 있으며 다음 해 2월까지 1년 동안 꾸준히 양봉일지를 쓰면서 사양관리를 배우면 많은 도움이 될 것이다.

또한 개인적으로 양봉을 하는 것보다 양봉연구회에 가입하거나 지역협회에 가입하여 단체로 활동하는 것도 좋은 방법이다.

양봉자재의 구입 방법도 한국양봉농협 및 지역에 있는 양봉원을 이용하면 되는데 먼저 선도농가와 상담하여 샘플을 보고 선택하는 것도 좋은 방법이다.

양봉 선택지 주변에 밀원식물의 존재 여부에도 관심을 가져야 한다.

주요 밀원은 헛개나무(풍성 1호 등), 모감주나무, 쉬나무, 산초, 싸리, 밤나무, 아카시아, 메밀(봄, 가을) 등이 있으며 화분작물은 옥수수, 호박, 환삼덩굴, 벼 등이 있는데 전국적으로 밀원식물의 다양한 식재가 필요한 시점이다.

계절별 밀원 및 온도에 따라 꿀벌 집단의 크기는 변화무쌍하다.

2월 초에는 종족 번식을 위해 산란과 육아를 시작하고 4~5월은 꿀벌의 세력이 최고조에 이르는 때이며 여름철은 산란율 감소 및 활동이 저조(면역 저하, 산란권 감소, 부저병 등 바이러스성 질병 유발 등)하다.

가을은 산란권이 증가되나 번식은 왕성하지 못하며, 겨울은 월동 관리에 주의해야 한다(2018년은 혹한, 고르지 못한 기온 및 기상여건으로 인하여 전국적으로 작황(벌꿀 생산량 등)이 매우 저조하였다).

월동 장소는 벌통 입구가 남향이며 바람, 습기가 적고 소음이나 진동이 없는 곳이 좋으며 강추위에 대비하여 폭설, 강풍, 쥐 등에 유의한다.

월별로 대략적인 사양관리를 살펴보면 1월은 한 해의 양봉 계획을 세우고 봉군 관리(추위 대비 보온, 환기 등), 화분떡 준비, 양봉자재 준비를 하며 2월은 육아 시 봉군의 온도 35℃를 잘 유지하도록 하고 꽃샘추위, 폭설 등에 주의하며 추위로 인한 낙봉, 온화한 날 식량 점검 등 꿀벌 관리에 유의한다.

영·호남지방에서는 2월 초부터 봄벌 관리가 시작되나 중부지방에서는 대개 2월 중순경부터 시작된다.

봄벌 관리에서 중요한 것은 소비 수를 축소하여 꿀벌을 가능한 밀집시키는 것이다.

봄벌의 산란과 육아는 온도, 먹이 및 환기의 조절이 중요하며 인위적으로 보온을 잘 해 주어도 벌이 가득하게, 빽빽하게 뭉쳐 열을 발산하여 35℃를 유지하는 것만은 못하다.

외기온도가 5~6℃ 떨어져 산란과 육아에 지장이 초래될 때는 보온덮개를 소문까지 가려 주고 다음 날 아침 외기온도가 10℃ 이상이 되면 앞을 가려 주었던 보온덮개를 치켜올려 소문 위로 3cm 정도 떨어지게 한다.

3월은 갑작스러운 꽃샘추위에 대비하고 4월은 1년 중 꿀벌 번식이 가장 활발하기 때문에 온도 상승으로 인한 습도 부족을 방지하고 아카시아 유밀기를 대비해서 외역봉 확보와 분봉열 방지에 최선을 다한다.

여름철 꿀벌 관리의 포인트는 장마철과 폭염에 주의한 사양 관리인데 무밀기로 전환되어 꿀벌의 체력이 감소되고 산란권도 최소로 유지만 되기 때문에 꿀벌의 질병도 발생하기 쉽다.

6월 하순경부터 더위가 심해지면 비가림 양봉사로서 수십 m 길이의 비닐하우스 차양막 또는 패널 지붕을 설치하면, 여름철 시원한 그늘을 만들어 벌통을 뜨거운 햇볕과 폭우로부터 보호하는 등 봉군 관리에도 편리하다.

또는 30mm 스티로폼으로 벌통 6면 전체를 외부 포장할 경우 외기 온도가 38~40℃가 되어도 벌통 내부는 상대적으로 시원한 환경을 만들 수 있다.

요즈음은 여름철에 모든 봉군을 완제품 스티로폼 벌통으로 사육하는 양봉 농가들도 늘고 있다.

가을철 사양관리를 간단하게 살펴 보면 가을철은 도봉이 심하므로 초가을 채밀을 하는 날에는 이른 아침에 소문을 차단하고 채밀하는 게 좋으며 가을철 채밀은 가급적 삼가하는 것이 월동에 유리하다.

또한 봉군의 세력이 약한 것은 과감하게 합봉하여 강군을 육성한다.

한 봉군에는 반드시 한 마리의 여왕벌이 있어야 하므로, 여왕벌이 망실되거나 늙어 쓸모가 없어진 경우 건강한 새 여왕벌로 교체할 수 있다.

가을철은 월동군 양성과 월동 식량 확보에 초점을 맞추어 사양관리에 집중한다.

8월 말까지는 채밀을 마치고 9월부터는 월동군을 양성해야 하는데 9월 말경에 내검하여 먹이의 상태를 점검하고 부족해 보이는 봉군에는 당액을 더 급여한다.

10월 10일경 내검하고 소비 한 장씩을 또 축소하여 빼낸 꿀소비로 먹이를 조절한다.

10월 10일 이후 먹이가 부족해 보이면 당액으로 보충하지 말고 빼놓았던 꿀소비로 보충해 주어야 한다.

늦가을까지 당액을 급여하면 불량 식량이 되고 습기가 많아 월동 중 설사를 한다.

겨울철 꿀벌 관리의 포인트는 10월부터 월동 준비를 위한 관리에 들어가야 하는데 월동 식량을 점검하고 질병을 확인(응애약 처리 등)하고 강추위에 대비하여야 한다.

양봉 사양관리의 핵심은 계절별 양봉 사양관리의 실천과 함께 연중 질병 관리(부저, 석고, 노제마병 등), 지역별 다양한 밀원수의 개발, 말벌 퇴치 등이 종합적으로 관리되어야 한다는 것이다.

필자가 2018년 양봉농가와 공동으로 추진한 말벌퇴치기 시험연구(4월~10월) 결과 봄철 여왕벌 제거(3~5월) 및 말벌 최성기(8~10월) 집중 방제가 가장 효과가 컸다. 또한 포획량 조사 결과 중부권(충주시 기준)은 장수말벌 및 일반 말벌이 80% 정도이고 아열대성 등검은말벌은 10% 내외의 분포를 보였다.

▫ 말벌 트랩 설치 사진(충주시 산척면 송골길 30)

라 말벌 퇴치의 중요성

말벌 피해는 최근 해마다 반복되어 양봉농가에 적지 않은 피해를 주고 있으며 장수말벌, 대추말벌뿐만 아니라 2003년 부산에서 처음 발견된 아열대성 등검은말벌(머리 검은색, 6개의 다리 끝부분 노란색, 둘째 마디 오렌지색) 등이 극성을 부리고 있다.

봄에 출현하는 말벌은 전부 말벌 여왕벌이므로 이때의 여왕벌 포획은 말벌 천 마리를 제거하는 효과를 볼 수 있다.

말벌 유인액을 제조하는 방법은 여러 가지가 있으나 대표적 방법을 소개한다.

○ 설탕 1포를 이용하여 사양액 30L를 만든다.
○ 포도원액 또는 포도주스 1.5L 2개(3L)를 사양액에 넣어 준다.
○ 3~4일 정도 상온에서 숙성시키면 시큼한 냄새가 나면서 변질된다.
○ 유인액을 포획기나 작은 대야에 담은 뒤 벌통과 벌통 사이 그늘에 놓는다.
○ 유인액을 꿀벌이 자주 달려들면 물을 첨가하여 희석한 뒤 발효시킨다.

※ 필자도 현재 꿀벌을 키우며 양봉시험연구를 하고 있다.

마 초보자를 위한 양봉 팁

1. 분봉 과정과 관리

가. 자연분봉

○ 자연분봉의 준비

봄철 기온이 올라가면서 여기저기에 꽃이 피기 시작하고 화밀을 분비하면, 일벌들은 활기차게 화밀과 화분을 반입하고, 여왕벌은 매일 천여 개 이상의 알을 낳는다.

소방에서는 매일 어린 일벌들이 출방하여 급기야 벌통 안은 많은 일벌들로 비좁아진다. 일벌들은 절반 정도의 무리가 새살림을 나기 위한 분봉할 준비로, 소비의 옆 또는 아랫면에 왕대(여왕벌 애벌레의 집)의 기초가 되는 왕완을 조성하고, 여왕벌은 이곳에 산란을 한다.

○ 자연왕대의 조성

여왕벌이 왕완에 산란을 하면 일벌들은 왕완을 보호하며 보온에 주력한다.

산란한 지 3일이 지나면 알이 부화한다.

일벌들은 하루에도 천여 번씩 유충을 보살피며 왕유를 공급하고 왕대로 만들기 위해 점차 높여 가며 축조한다.

이를 제1왕대(분봉왕대)라고 한다.

여왕벌이 제1왕완에 산란한 후 3일이 지나 알이 부화되면, 또 한 개의 왕완이 일벌에 의해 조성되고 여왕벌은 이 왕완에 산란을 한다.

알은 3일 만에 부화하며 유충이 성장함에 따라 왕대는 높이 축조된다(제2왕대).

제2왕대에 여왕벌이 산란한 지 2일 후, 즉 제2왕대에서 알이 부화되기 1일 전, 제3왕대를 만든다. 다음날 제4왕대를 축조하고 계속해서 제5, 6왕대를 축조하여 여왕벌은 여기에 산란을 한다.

일벌들은 대개 총 6~7개의 왕대를 순차적으로 짓는다.

○ 처녀왕의 출방

출방한 지 6~10일 된 어린 일벌들은 왕대 안의 알에서 부화된 여왕벌 유충에게 5.5일간 왕유를 분비하여 먹이고 유충이 성숙하면 가는 실을 토하여 엷은 고치를 짓고 마지막 5회 탈피를 한다. 그 후 2일간 휴식을 취하고 번데기가 되었다가 2.2일 후 봉개를 찢고 나와 처녀왕이 출방한다.

○ 자연분봉

새로 발육한 첫 처녀왕이 왕대에서 출방하기 2일 전 구여왕벌은 바람이 없고 청명한 날을 택하여 과반수의 일벌과 함께 한낮 주로 정오경에 분봉을 한다.

벌통 안에 있던 절반 정도의 일벌들 소위 분봉군이 소문 밖으로 밀물처럼 밀려 나와 봉장을 중심으로 공중에서 원을 그리며 빙빙 떠돌다가, 여왕벌이 따라 나오면 합세하여 인근 나뭇가지 또는 지추녀 등에 뭉쳐 봉구를 이룬다.

여왕벌은 그 주위를 보살피며 여왕벌 페로몬을 분비하여 일벌들이 이곳에 집합하도록 유도한다.

이 과정을 자연분봉(제1분봉)이라고 부른다.

제1분봉이 있은 후 3일째 처녀왕이 출방하면 또 분봉이 발생한다(제2분봉). 다시 2일 후 처녀왕이 출방하여 분봉을 한다(제3분봉).

분봉은 대략 제3분봉으로 종료되지만 제3분봉군은 너무 약군이어서 인위적으로 억제하여야 한다.

제3분봉(두 번째로 나온 처녀왕)이 끝나면 일벌 수가 급감하여 벌통 속이 허술해지고 일벌들의 왕대 보호를 소홀히 함으로써, 세 번째 출방한 처녀 여왕벌이 나머지 왕대를 전부 파괴하여 분봉은 중지된다.

나. 인공분봉

유밀기가 되어 군세가 강해지면 분봉열이 발생한다.

유밀기 중에 분봉열이 발생하면 일벌들은 수밀작업에 태만하게 된다. 이 경우 채밀량이 현저히 줄어든다.

따라서 분봉열이 발생하기 전에 계상을 올리거나, 구여왕벌이나 봉개 왕대를 이식하여 새 봉군을 만들어 분봉열을 예방하여야 한다.

○ 구여왕벌에 의한 인공분봉

어미 여왕벌은 제1왕대에서 처녀왕이 출방하기 2일 전에 과반수 일벌과 같이 분봉하므로 처녀왕이 출방하기 4~5일 전, 즉 실제 분봉이 발생하기 전에 새 벌통에 꿀소비 1장, 봉판 1장, 또는 봉판 2장을 넣어 준다.

그리고 즉시 다른 곳에 옮겨 줌으로써 미리 분봉(인공분봉)시키고 원통에는 왕대 1개만 남기고 나머지 왕대는 모두 제거해 준다.

구여왕벌이 있는 인공분봉군의 외역봉들은 귀소할 때 이전 기억에 따라 원통으로 되돌아가므로, 원통에서 어린 벌이 많이 붙은 소비를 2장 정도 털어 주어 분봉군의 군세를 보강해 주어야 한다.

구왕을 분봉시키고 3일 이내에 당액을 급여하는 것은 금물이다.

당액을 급여하면 외역봉들이 원통으로 돌아가면서 도봉이 발생하므로 3일 후에 2~3장의 분봉군에 소초를 넣고 당액을 급여하면 조소를 왕성히 하면서 산란이 진행된다.

원통에서는 처녀 여왕벌이 출방하여 10일 이내에 교미를 마치고 산란을 하기 시작하지만 군세가 강하더라도 신왕이므로 분봉열이 발생하지 않고, 일벌들이 활기를 띠며 유밀기 때 많은 꿀을 채밀할 수 있다.

갓 교미를 마친 신여왕벌은 구여왕벌보다 분봉열이 적은 점을 기억하자.

- 자연왕대에 의한 인공분봉

  자연왕대가 성숙하면 분봉열이 발생한다.

  분봉열이 발생하기 2~3일 전에 왕대가 붙은 벌소비 1장, 꿀소비 1장을 뽑아 2장의 새 봉군(핵군)으로 분봉시키면 일시적으로 분봉열을 방지할 수는 있으나 구왕을 제거하는 것만은 못하다.

  왕대로 분봉하였을 때는 아무리 내피를 두껍게 덮어 주어도 육아온도를 유지하기 힘들다.

  그러므로 어린 벌이 많이 붙은 소비를 분봉한 핵군에 털어 주어 군세를 강화해 주어야 한다.

- 변성왕대에 의한 인공분봉

  변성왕대가 생긴 봉군에서도 자연분봉이 발생하는 수가 있지만 극히 드문 일이다.

  변성왕대가 성숙하여 처녀왕으로 출발하기 1~2일 전에 왕대가 붙은 벌소비 1장과 다른 통에서 어린 일벌이 많이 붙은 소비 1장을 뽑아서 2장을 합하여 핵군으로 편성한다.

  이때 합한 벌들 간에 싸움이 벌어질 것을 염려할 수 있지만 보통 무왕군(변성왕대봉군)과 유왕군은 서로 싸우지 않는다.

  미처 성숙하지 않은 미숙 왕대를 분봉시키면 핵군 내 온도가 낮기 때문에 건강한 처녀왕이 태어나지 못하는 수가 많다.

  처녀왕이 출방하면 건실한지 살펴본 후 7~8일 정도는 내검하지 말아야 한다.

  자주 내검하면 일벌들이 불안하여 처녀왕을 공상하게 된다.

  언제나 인공분봉에서는 2~3일 이내에 당액을 급여하여서는 안 된다. 세력이 약하여 도봉이 유발되기 쉽기 때문이다. 먹이가 부족하면 다른 강군 벌통에서 꿀소비를 꺼내어 보충해 준다.

2. 양봉의 병충해

가. 노제마병

병원체는 곰팡이(진균)고, 대표 증상은 설사다.

노제마병은 이른 봄철과 싸늘한 가을철에 발생한다.

노제마에 심하게 감염되어도 초기에는 특이한 증상은 없지만 점차 일벌들의 활동이 둔화되어 날지 못하고 기어 다니는데 봄철에 흔히 볼 수 있는 현상이다. 심할 경우 복부가 팽창하고 여러 곳에 배설 자국을 남긴다. 여왕벌이 감염되면 산란력이 감소하고, 심하면 산란 중단 후 사망한다.

사전 예방을 위해, 봉군을 강군으로 유지하고 봉군의 영양 관리와 온도 유지에 유의한다.

노제마병 약제는 퓨미딜-B가 널리 쓰인다.

나. 부저병

병원체는 세균이고, 대표 증상은 부패다.

많은 봉군에서 발생하는 질병으로 재발하기 때문에 벌통 또는 기구를 철저히 소독하여 사용한다.

다. 꿀벌응애 방제(꿀벌응애+가시응애)

꿀벌에 기생하는 응애가 만연하면 꿀벌의 발육이 부진하고 수명이 현저히 감소하고 불구벌이 속출하며, 다른 질병이 동시 발생함으로써 봉군 폐사가 나타난다.

양봉에 피해가 크므로 8월 초순경에 일주일 간격으로 3회 이상 약제 처리하고 10월 초와 월동 직전에 다시 방제한다.

월동 직전 모든 육아가 정지되고 마지막 봉개 번데기가 출방한 다음 꿀벌응애를 방제하면 약제가 모든 응애에 접촉함으로써 가장 높은 방제 효과를 기대할 수 있다(방제 최적기).

라. 설사병

불량 꿀로 인한 소화불량, 온도 부족으로 인한 소화불량, 환기불량과 습기로 인한 소화불량 등의 원인으로 발생하며 전염성은 없다.

소비를 축소하여 봉군을 밀집시키고, 약군은 과감히 합봉을 강군화시킨다.

마. 백묵병(초크병)

꿀벌의 유충에 전염되어 발생하는 곰팡이병이다.

곰팡이는 습한 곳에서 발생하므로 벌통 내부가 너무 습하지 않도록 한다.

오염 벌꿀, 벌집, 양봉기구 접촉을 차단하고 오염 화분으로부터 포자 유입이 가능하므로 화분 공급 시 주의를 요한다.

봄철에는 강군으로 세력을 유지하며 벌이 약하며 과감하게 강군에 합봉한다.

3. 질병 확산 예방

- 햇볕이 잘 드는 곳에 벌통 놓기(습지는 피한다.)
- 오염된 벌통과 벌집판은 교체
- 월동 시 벌통에 충분한 양의 화분과 꿀 공급
- 질병이 심한 경우 벌과 양봉기구를 소각하고 벌통 소독 철저
- 정기적인 벌통의 봉군 검사로 질병 발생 초기 억제
- 질병의 예방관리, 면역력 증진, 해충에 의한 스트레스 경감
- 면역력 강한 강군 육성하고 유충이 충실하고 건강하게 자랄 수 있도록 꿀벌에 고단백질의 화분 공급

4. 토종벌 낭충봉아부패병

○ 개량벌통 사용(기존 토종벌 벌통은 내검이 어려워 질병 조기 진단이 어려움) 및 여왕벌 양성 등 토종벌 사양관리기술의 개선을 통해 예방한다.
○ 낭충봉아부패병을 일으키는 바이러스는 30nm 크기의 바이러스로서 어린 유충에 국한되어 감염되며, 어린 유충에 먹이를 주는 과정에서 감염된다. 바이러스에 감염되어 죽은 유충은 바이러스로 가득 차게 되는데, 이러한 유충 사체를 제거하는 과정에서 일벌들에 의하여 전염된다.
○ 낭충봉아부패병의 병징으로는 유충의 표피가 거칠고 번데기로 발육을 하지 못한 유충이 뻣뻣하게 된 후 머리를 위쪽으로 향하면서 죽게 되는데, 죽은 유충의 껍질이 남아 있는 상태에서 충체 속이 액상으로 변하게 된다.
○ 이때 머리 부분과 기관 부분부터 암갈색으로 변하기 시작하여 결국 말라서 납작하게 된다.

5. 양봉 기초 용어 해설

○ 봉군(벌무리): 여왕벌, 일벌, 수벌이 모인 꿀벌의 단위집단(일반적으로 한 벌통에는 한 개 봉군이 생활한다.)
○ 봉구: 꿀벌이 월동할 때 자체 보온을 위해 뭉치는 것. 봉구의 내부온도는 21℃ 유지
○ 봉교(프로폴리스): 꿀벌이 나무의 진, 풀잎과 꽃봉오리에서 수집해온 찐득찐득한 것
○ 봉상(벌통): 꿀벌을 기르는 상자(나무, 스티로폼 등)
○ 분봉: 벌통 내부가 비좁아지면 살림을 나는 것을 말하며 자연분봉과 인공분봉이 있다
○ 소비, 소초, 소광, 소문

  소광은 벌통 내부에 끼우는 벌집의 나무들을 말하며, 소광에 철선을 건너 매고 벌집의 기초가 되는 소초를 붙인 후 집을 지은 것을 소비라 하며 벌들의 출입구를 소문이라 한다.

- 왕대: 여왕벌이 발육하는 집
- 왕유(로열젤리): 일벌이 머리샘에서 분비하는 여왕벌 먹이
- 처녀왕, 신왕, 구왕

  왕대에서 출방하여 교미를 마치지 못한 여왕벌을 처녀왕이라 하며 처녀왕이 교미를 마치고 산란을 시작하면 신왕이라고 하고 출방한 지 1년 이상 된 여왕벌을 구왕이라고 한다.

- 강군과 약군, 합봉

  벌의 수가 많으면 강군이라 하고 적으면 약군이라 하는데, 두 통 이상의 벌을 한 통으로 합치는 것을 합봉이라 한다(강군 육성).

- 내검, 훈연기

  벌통 내부를 검사하는 일을 내검이라 하며 내검할 때 연기를 쏘이는 기구를 훈연기라 함(쑥, 왕겨 사용).

6. 양봉 시작 전 반드시 알아 두기!

- 봉군 구성
  - 여왕벌: 1군 1왕(봉군의 성패, 산란 등)
  - 수벌: 수백에서 수천 마리(여왕벌과의 교미 등)
  - 일벌: 2~6만(화밀 수집, 집 짓기, 경계병, 여왕 시중들기)

- 꿀벌의 온도
  - 활동 저하: 21℃ 이하~37℃ 이상
  - 활동력 상실: 7℃ 이하
  - 활동 정지: 37℃
  - 비상력 상실: 10℃ 이하
  - 소비 축조, 봉아 양성, 밀납 분비: 33~35℃

- 꿀벌의 출생(알에서 성충까지)
  - 여왕벌 출생: 16일
  - 일벌: 21일
  - 수벌: 24일

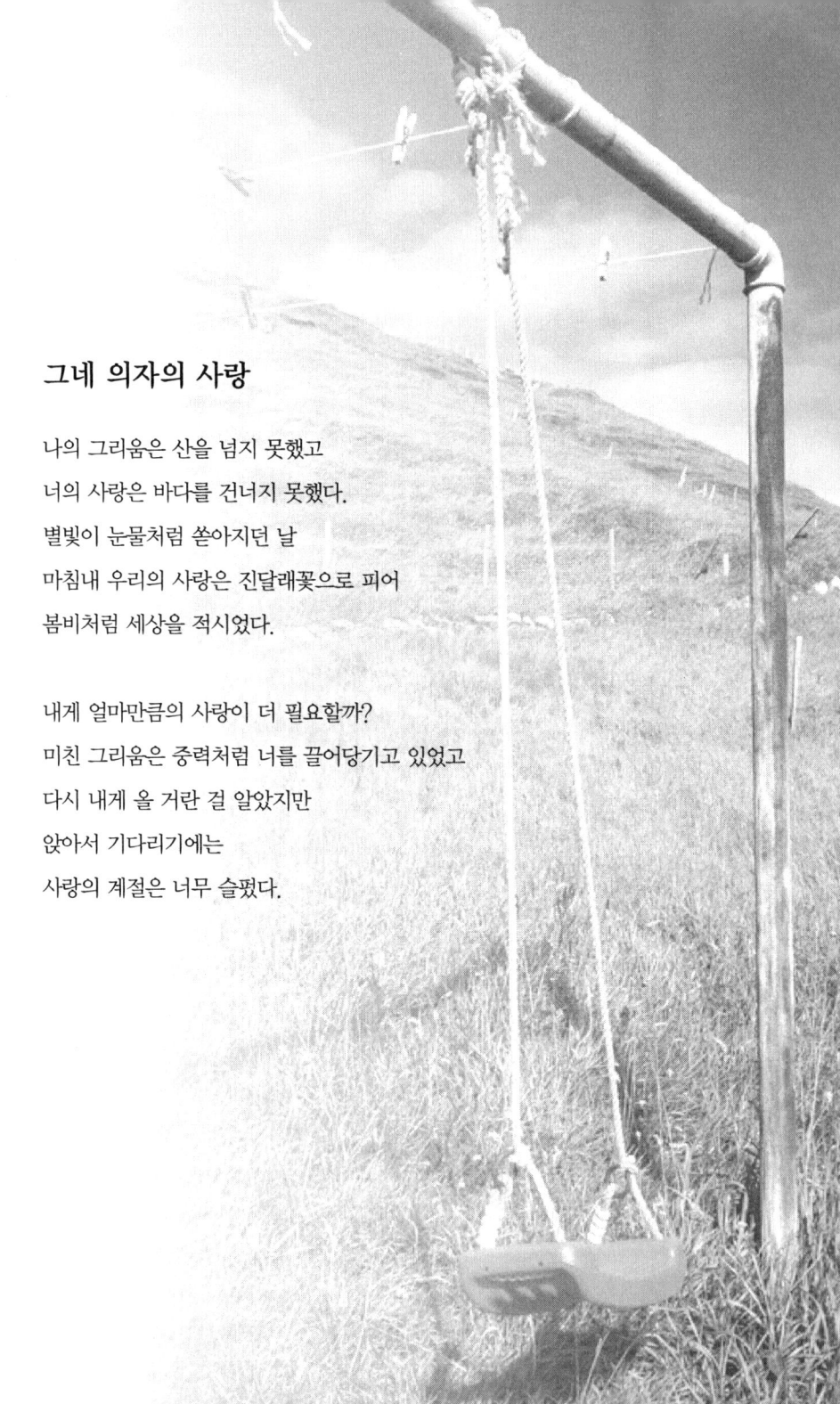

그네 의자의 사랑

나의 그리움은 산을 넘지 못했고
너의 사랑은 바다를 건너지 못했다.
별빛이 눈물처럼 쏟아지던 날
마침내 우리의 사랑은 진달래꽃으로 피어
봄비처럼 세상을 적시었다.

내게 얼마만큼의 사랑이 더 필요할까?
미친 그리움은 중력처럼 너를 끌어당기고 있었고
다시 내게 올 거란 걸 알았지만
앉아서 기다리기에는
사랑의 계절은 너무 슬펐다.

5

밭작물
(콩, 옥수수, 고구마, 감자, 고추 월별 실천 사항)

작물들의 내력과 특성을 알려주고
초보 농가를 위한 밭작물별 Q&A!

콩

1. 콩의 내력 및 특성

콩은 동양에서 가장 오래된 작물의 하나로 단백질, 지방의 중요 공급원이며 지력 유지 증진 효과가 크고 우리나라 기후에 적합하며 생육기간이 짧다(일평균기온 12℃ 이상인 일수가 120일 이상).

콩 재배토양은 토양 수분이 풍부하며, 배수도 잘되는 중성토양이 좋다.

2. 콩 재배의 기초

가. 콩 재배력(참고용)

구분	6월			7월			8월			9월		
	상	중	하	상	중	하	상	중	하	상	중	하
생육과정	유묘신장기				개화기			협신장기		등숙기		
주요작업	파종 제초			배토, 순지르기, 배수, 관수, 병해충 방제								
기상재해 및 문제점	가뭄 ·파종 지연 ·입모 불량			장마 ·병해충 ·웃자람 ·개화 지연			가뭄 및 고온다습 ·착협 불량 ·해충 발생					
비고 (약제)	제초 (토양)			제초 (경협)	살충		살충		살충	살균	살충	

나. 파종 방법
○ 파종은 비가 내리기 전보다는 내린 후에 하는 것이 발아에 유리하다.
○ 종자는 반드시 벤레이트티와 같은 살균제로 분의 처리하여야 안전하게 발아시킬 수 있다.

다. 파종 시기
○ 평균온도 13℃ 이상일 때 심는 것이 좋다.
○ 너무 일찍 파종하는 경우에는 온도가 낮아 콩 종자가 발아하는 데 오래 걸리므로(10℃에 파종 시 20일), 발아 도중 썩거나 종자가 생명력을 잃게 될 뿐만 아니라 새, 쥐들의 피해를 받기 쉽고, 발아 되더라도 콩이 너무 무성하게 자라 쓰러지는 등 좋지 않은 결과를 가져온다.

3. 수확

콩 종자는 수확 이전의 생리적 성숙기(꼬투리와 콩알이 녹색에서 황색으로 변색되고, 콩알의 수분함량은 40~60% 정도인 시기) 이후 이미 종자 퇴화가 진행되는데 온도가 높고 다습한 환경에서는 퇴화가 급속히 진전되기 때문에 수확기가 지연되는 경우에는 콩의 품질이 낮아지게 된다.

그래서 그 품종의 고유한 꼬투리 성숙색을 나타낸 때로부터 일주일 전후로 수분함량이 14% 내외일 때(꼬투리를 따서 흔들어 보면, 콩알이 움직이는 소리가 남) 수확하게 된다.

종자의 수분함량이 20% 이상이면 탈립률이 저하될 뿐 아니라 탈곡에도 부적당하며, 수분함량이 12% 이하가 되면 탈곡 시 손상립 발생이 많게 되므로 탈곡기의 회전속도를 늦추는 것이 좋다.

탈곡기의 회전속도는 1초당 8.2m 기준으로 수분함량이 많을 때는 빠르게 하고 적을 때는 늦춘다.

4. 콩의 생육 특성 이해하기

- 콩의 생육기간은 가장 짧은 것은 75일, 가장 긴 것은 200일 정도 되지만 실제 재배되고 있는 품종은 90~160일 범위에 속한다.
- 생육일수가 짧은 조생 품종은 올콩이라고 하며 4~5월에 파종하여 7~8월에 수확한다.
- 후작물로는 메밀과 같은 잡곡과 배추, 무, 양파 등 채소작물을 재배할 수 있다. 생육일수가 긴 만생종은 가을콩이라 하며 동작물 수확 후 5~6월에 파종해서 10~11월에 수확하고 겨울작물을 심는다.
- 개화가 시작해서 전 개체의 40~50% 정도 꽃이 피기 시작하는 때를 개화기라고 한다. 개화기 전까지는 제조, 중경, 배토 등의 작업을 종료한다.
- 개화 후 20~30일경에는 종실이 최대로 비대하는 시기인데 노린재가 꼬투리를 가해하게 되면 피해가 크므로 방제 시기를 놓치지 않도록 한다.

5. 논에서의 콩 재배

논토양은 밭에 비하여 수분이 많고 비옥하여 습해와 도복의 발생이 우려되지만 습해와 도복을 피하게 되면 오히려 밭 재배보다 생육이 균일하고 콩알이 굵어진다는 장점이 있다.

논의 위치, 지형, 배수, 지하수위, 경사도 등을 종합적으로 검토하여 적지를 선정한다.

일반적으로 논 재배에서는 토양 과습에 의하여 초기 생육은 부진하나 생육 후반기로 가면서 생육이 왕성해지는 경우가 많다.

그러므로 키가 작은 품종보다 비교적 키가 큰 품종이 다수확 측면에서 유리하다.

도복(쓰러짐)에 강한 품종을 선택하는 것도 중요하다.

6. 초보 농가 문의사항 9가지

가. 콩잎의 취면 운동

콩잎은 낮에는 위로 구부러지고 아침, 저녁에는 수평을 이룬다.

나. 콩의 질소고정

콩은 일생동안 필요한 질소량의 30~70% 정도를 질소고정에 의해 얻는다.

뿌리혹박테리아는 발아 후 2주일 정도 되면 착생하기 시작하는데 착생 초기에는 질소고정 능력이 매우 낮으며, 콩의 생육이 진전됨에 따라서 뿌리혹박테리아의 착생과 질소고정 능력이 비례적으로 증가되어 개화기에서 꼬투리 형성기에 질소고정 능력이 가장 높다.

꼬투리 비대기에 이르러서는 질소고정 능력이 거의 상실되므로 이 시기에 토양 질소가 부족하게 되면 콩알의 비대가 불량해진다.

다. 콩은 비료를 주지 않아도 되나요?

콩의 수량은 거름보다 지력의 영향을 많이 받으며, 다른 작물에 비해 시비 효과가 낮은 것이 일반적이다.

콩의 생육기간 중 흡수량이 제일 많은 비료성분은 질소이며 뿌리혹박테리아의 번식이 좋을 때는 전 질소량의 2/3 정도를 뿌리혹에 의해 고정된 질소를 이용하나, 지력이 낮고 토양 조건이 좋지 않은 산성토양에서는 1/3 정도의 고정 질소가 식물체에 공급된다.

따라서 부족한 질소 및 인산, 칼리는 전부 토양 중에서 흡수하기 때문에 시비해야 하며, 석회는 산성토양을 중화할 뿐 아니라 다른 작물에 비하여 석회의 흡수량이 많기 때문에 비료를 주어야 하는데, 신개간지 등 산성토양에는 충분한 양을 줌으로써 수량을 올릴 수 있다.

라. 파종 시기

콩은 8~10℃ 정도의 낮은 온도에서도 발아를 시작하므로 콩을 심는 시기는 그 지방의 늦서리를 피하여 평균온도 13℃ 이상일 때 심는 것이 좋다.

너무 일찍 파종하는 경우에는 온도가 낮아 콩 종자가 발아하는 데 오래 걸리므로 발아 도중 썩거나 종자가 생명력을 잃게 될 뿐만 아니라 새, 쥐들의 피해를 받기 쉽고, 발아되더라도 콩이 너무 무성하게 자라 쓰러지는 등 좋지 않은 결과를 가져온다.

실제 콩 파종 시기는 중북부지방에서는 5월 중하순, 남부와 제주에서는 5월 하순~6월 중순이 적기이다.

올콩은 생육기간이 짧고 생장량이 적어 쓰러질 염려가 없으므로 4월 중하순에 파종하여 조기 수확한 후 뒷그루로 채소작물 등을 심게 되면 토지 이용상 유리하다.

마. 비가 온다는데 파종을 해야 하나요?

콩의 파종은 비가 내리기 전보다는 내린 후에 하는 것이 발아에 유리하다.

특히 식양토와 점토질 토양에서는 비가 내리기 1~2일 전에는 파종을 하지 않는 것이 좋다.

그러나 예상 강우량이 적거나 조용하게 비가 내릴 것으로 예상될 경우에는 강우 전에 파종하는 것이 좋다.

묵은 콩은 특별한 경우를 제외하고는 종자용으로 사용하지 않는 것이 좋다.

바. 종자가 크면 수량도 많아지나요?

동일 품종에서 대립종자를 심으면 초기엔 생육이 왕성하지만 수량에는 별다른 영향이 없다.

사. 토양 제초제 처리 시기

토양 제초제는 파종 후 2~3일 이내에 처리하여야 한다.

콩밭에 제초제를 사용하는 경우 살포 시기, 토양 조건, 살포량 및 기상 조건, 제초제의 종류와 잡초의 종류에 따라 여러 가지 조건을 고려하여 정확히 사용하여야 한다.

아. 적심 시기와 효과

적심 시기는 본엽 5~7매 때 하는 것이 가장 좋으나, 생육 중기에 너무 과번무하거나 도복 우려가 있는 때에는 순지르기를 하는데, 이때 주의할 것은 개화기 때는 피하는 게 좋다.

자. 서리태와 쥐눈이콩

서리태라는 말은 지역에서 부르는 방언으로 특정한 품종명이 아니다. 첫 서리를 맞고서야 잎이 떨어지고, 콩 꼬투리가 건조되는 아주 늦은 생태형의 콩들을 '서리태'라고 부른다.

주로 경피색이 검정색이고 자엽이 녹색으로, 당 함량이 높고 맛이 좋다.

주로 밥밑콩 또는 떡을 만드는 데 이용되었다.

국내에서 육성된 품종으로는 흑청콩과 청자콩이 있다.

쥐눈이콩은 한문어로 '서목태'라고도 부르기도 하는 소립 검정콩을 말하는데, 예로부터 약용으로 많이 이용하였다고 한다.

7. 콩(서리태, 쥐눈이콩) 재배 요령

가. 파종

단작은 5월 중하순, 2모작은 중북부의 경우 6월 상중순, 남부의 경우 6월 중하순이다.

심는 간격은 이랑 나비는 60~70cm, 포기 사이는 10~15cm 정도이다.

파종량은 서리태는 300평당 5kg, 쥐눈이콩은 300평당 3kg 정도이다.

나. 재배 관리

북주기는 파종 후 30~40일경에 배토기, 관리기를 이용하거나 혹은 인력을 활용하여 실시한다.

서리태의 순지르기는 잎이 6~7매일 때 끝순 처리한다.

발생하는 주요 병해충으로는 바이러스, 불마름병 등의 병해와 노린재류, 나방류 등의 충이 있다.

옥 수 수

1. 옥수수의 특성

전 세계적으로 재배되고 있으며 단위면적당 수량이 매우 많으며 땅을 별로 가리지 않고 가뭄에도 강한 편이다.

토양은 부식이 풍부하고 물 빠짐이 좋은 기름진 참흙이 좋다.

식용 옥수수 재배 시 유의할 점은, 같은 종류의 옥수수를 재배할 때에만 고유의 특성이 나타나기 때문에 다른 종류의 옥수수를 인근에 재배할 때는 200m 이상 떨어져서 재배해야 한다는 것이다.

중부지역 주요 재배 품종으로는 연농 1호(대학찰옥수수), 미백 2호, 미흑찰, 흑점 2호 등이 있다.

2. 종자 준비

교잡종으로 씨앗은 다시 사용하지 않는다(수량이 많이 떨어짐).

3. 종자 소독

가. 대상병

깨씨무늬병, 이삭썩음병, 깜부기병

나. 방법

종자소독약 베노람수화제(벤레이트-T)를 분의 소독(씨앗 1kg당 5g)하거나 200배액에 네 시간 담근다.

4. 씨뿌리기

가. 지역별 알맞은 씨뿌림 때

- 산간지(표고 400m 이상): 4월 하순~5월 상순
- 중산간지(표고 250~400m): 4월 중하순
- 중간 및 평야지(표고 250m 이하): 4월 상중순

나. 씨뿌리는 양

- 옥수수: 2~2.5kg/300평당
- 단옥수수: 1.5kg/300평당

다. 심는 거리

300평(10a)당 6,600본(60cm×25cm) 정도

5. 시비량

시비량은 10a당 질소 15kg, 인산과 칼리는 13kg을 주었으나, 최근에는 인산과 칼리가 밭토양에 많이 잔류되었기 때문에 질소 14.5kg, 인산 3.0kg, 칼리 6.0kg으로 조정됨

질소의 반량과 인산, 칼리는 밑거름으로 주며, 질소거름의 나머지 반량은 옥수수 잎이 6~7매로 무릎 정도 자랐을 때 웃거름으로 준다.

시비 방법은, 옥수수 포기 바로 밑에 주는 것보다 옥수수 포기와 포기 사이에 주는 것이 효과적이다.

퇴비는 300평(10a)당 1,500kg을 사용하며 산성토양은 석회를 주어서 중화시키고 논에 처음 심은 경우에는 인산을 증량하여 시용한다.

6. 솎아 주기

너무 배게 심었을 때는 알맞은 거리에 한 개만 남겨 두고 솎아 준다.

솎음작업은 빠를수록 좋지만 해충이나 새의 피해 등을 고려할 때 2~3엽기가 적당하다.

7. 병해 방제

씨뿌리기 전에 이화명나방약(다이아톤입제)이나 지오릭스분제(마릭스) 등을 10a당 3~5kg씩 뿌림골에 뿌린다.

- ○ 깨씨무늬병(호마엽고병)
  - 종자소독 철저, 내병성 품종 재배(교잡종 이용) 및 피해엽 태우기

- ○ 검은줄무늬오갈병
  - 애멸구에 의해 전염되는 바이러스병
  - 품종 특성에 따라 적지 적품종 재배(발생 상습지 재배 금지) 발생 우려지는 20~30% 밀식

※ 참고문헌(출처): 농촌진흥청 농업기술종합정보

고구마

1. 식품가치 및 효능

고구마는 알칼리성 식품이며 각종 비타민과 무기질 및 양질의 식이섬유를 함유하고 있다. 근래에는 고구마의 항암, 항산화 작용 및 혈중 작용 등의 약용 효과가 인정되었다.

2. 재배환경(토양 조건)

- 적정 토양: 흙이 부드럽고 통기성이 좋은 사양토
- 적정 산도: pH 4.2~8.3
- 적정 경토 깊이: 10~20cm

3. 품종의 선택

가. 씨고구마 선택

- 검은무늬병, 무름병 등의 피해를 받지 않은 것
- 외형상 품종 고유의 모양이 신선한 것
- 저장 중 냉해를 입지 않은 건전한 것
- 종서 개체당 150~250g 정도인 것

나. 씨고구마 소독(온탕 소독)

○ 47~48℃의 더운물에 40분간 담금
  - 살 속에 침입한 균의 살균과 발아율을 촉진함
  - 씨고구마로 전염되는 검은무늬병, 검은점박이병, 덩굴쪼김병 등 살균 효과

4. 묘상 준비

○ 300평(10a)당 묘 소요량: 3,700~6,600본
  - 1모작 4,500~3,700, 2모작 6,600~5,300본
○ 묘상면적 및 상토: 7~10m²/300평(10a)당
○ 상토 구비 조건
  - 배수가 좋고 보수력이 있으며 공기 유통이 좋은 양토나 사양토
  - 부식질을 많이 함유하고 각종 영양소를 고루 지닌 비옥한 흙을 선택

5. 싹 자르기

가. 우량묘의 조건

○ 마디가 굵고 크며 마디 사이가 짧고 연하거나 굳지 않은 묘
○ 펼쳐지지 않은 잎의 끝이 나란히 놓여 있는 묘가 우수하다.

나. 싹 자르기

○ 표준 싹: 25~30cm 정도의 가지가 없는 싹으로 마디가 4~6개 정도
○ 작은 싹: 15cm 내외의 싹
○ 큰 싹: 45~50cm의 싹이 굵고 마디가 짧으며 연하거나 굳어 잎이 두터우며 윤택이 있는 싹
○ 짧은 싹: 긴 싹을 2~3마디씩 자른 싹의 종류

다. 싹의 저장

○ 싹을 자른 후 기온, 작부체계, 수분이 부족하여 바로 밭에 심지 못할 경우
○ 서늘하고 그늘진 곳에 마르지 않도록 3~5일 저장 삽식

6. 거름 주기

가. 기준량(kg/10a)

구분 비종	보통 밭		개간한 밭	
	성분량	실량	성분량	실량
질소(요소)	5~6	11~13	8~9	17~20
인산(용인, 용과린)	6~7	30~35	8~9	40~45
가리(염화가리)	15~16	25~28	20~24	33~40

※ 전량 밑거름으로 줌

○ 질소 시용 효과
  - 질소가 부족하면 지상부 생육 억제
  - 질소가 너무 많으면 지상부 생육은 왕성하나 아래 부분의 잎은 황화 낙엽 촉진
○ 인산 시용 효과
  - 개간지와 인산결핍지에 효과가 높음
  - 인산을 많이 주면 고구마가 길어지고 분질화되어 품질 향상
○ 칼리 시용 효과
  - 식용 고구마 재배 시 칼리 과다 사용 금지

나. 퇴비 주기

퇴비의 효과가 크므로 300평(10a)당 1,000kg 이상 반드시 준다.

다. 시비 방법
- ○ 생육 후반기(비대왕성기)에 칼리비료 부족 우려로 심층시비 적극 추진
- ○ 질소, 인산, 칼리 또는 인산과 칼리를 1/2 정도 심층시비한다.
  (심층시비 깊이: 27~40cm)

7. 재배 관리

가. 무피복재배 시 중경배토
- ○ 덩굴이 땅 표면을 덮기 전에 중경배토작업을 2회 추진
  - 1회: 묘를 심은 후 10일 정도
  - 2회: 1회 배토작업 후 20~30일경

나. 순지르기
- ○ 묘 활착 후 재식 밀도가 높고 웃자라기 쉬운 포장 순지르기작업
- ○ 생육 중기에 줄기가 과번무할 우려 있을 때

다. 덩굴 뒤집기
- ○ 생육 중기에는 고구마 잎의 배열이 흐트러져 광합성 능력 저하

라. 재해 관리
- ○ 많은 강우 시 배수로 정비로 습해 예방
- ○ 한발 대비 반드시 피복재배를 하고 관수가 꼭 필요함

8. 수확
- ○ 서리 오기 전 고구마에 상처가 없도록 주의하여 수확
- ○ 고구마가 커지기 전 잎줄기 따기 금지 지도

9. 고구마의 병해

병명	전염 및 병징	방 제 법

검은무늬병
(흑반병)
	○ 묘상, 본밭, 저장 중에 발생
	○ 고구마에 둥글고 둘레가 뚜렷한 검은무늬가 생기고 병무늬의 중심부는 푸른빛을 띠는 진한 검은빛으로 변색
	○ 15~30℃에서 잘 감염되며 10℃ 이하나 30℃ 이상에서는 감염이 안 됨
		○ 씨고구마를 47~48℃의 따뜻한 물에 40분간 담그는 온탕 소독
		○ 묘상에 검은무늬병이 발생한 경우 싹의 밑부분 9~15cm를 15분간 47~48℃의 물에 담근다.
		○ 저항성 품종 선택재배
		  - 저항성 강: 은미, 생미, 율미, 신율미, 증미 등
		  - 저항성 중: 홍미
		○ 수확 후 아물이 처리는 예방 효과가 큼

무름병
(연부병)
	○ 주로 저장 중에 생기며 냉해를 입은 고구마에 걸리기 쉬우며 수확 직후 밀폐되고 고온다습한 상태에서 발병
	○ 병균의 발육적온은 23~25℃, 습도는 75~84%임
		○ 적기수확하여 저장
		  - 수확기가 빠르며 병균 발생의 적온에 가까워 발병이 많아짐
		  - 반대로 늦어지면 냉해를 받아 무름병 발생 심함

검은점박이병 (흑지병)	○ 여름철부터 발생하여 수확기에 많이 발생 ○ 표면에 갈색 점이 생겨 차츰 검게 됨 ○ 연작, 다우, 배수가 불량할 때 발생	○ 병이 없는 씨고구마 사용 ○ 묘를 자를 때 밑부분은 5~6cm 이상 남기고 절단 ○ 배수가 잘 되도록 함 ○ 묘상에 병균이 있는 퇴비나 토양 사용 지양
덩굴쪼김병 (만할병)	○ 씨고구마와 토양 전염 ○ 주로 본밭에 발생하나 줄기에도 발생 ○ 지표 부분의 줄기가 갈라져 백색~분홍색 곰팡이가 생김 ○ 30℃ 내외에서 여름철 모래땅 발생 심함	○ 연작을 피하고 윤작재배 ○ 병 발생 포기 일찍 뽑음

※ 참고문헌(출처): 농촌진흥청 농업기술종합정보

감 자

1. 식품으로서의 감자

비타민 C는 사과의 6배, 식이섬유 높은 알칼리성 건강식품

2. 재배에 적합한 환경 조건(원산지: 페루 남부)

가. 온도

- 싹자람 온도: 5℃(휴면 타파된 종자)
- 생육적온: 14~23℃
- 잎과 줄기의 생육적온: 21℃
- 덩이줄기 비대적온: 15~18℃(비대 정지 27~30℃)
- 덩이줄기 최적 비대적온: 주간 23~24℃, 야간 10~14℃

나. 일조

- 일조가 많으면 동화작용이 왕성하게 되고, 잎과 줄기의 조직이 견고해지며, 엽록소 형성이 높아져 성숙을 촉진시킴
- 일조가 부족하면 잎과 줄기는 웃자라게 되고 조직이 연약해짐

  ※ 여름 재배의 경우 6~7월의 강우로 일조 부족에 의한 수량 감소

다. 강수량

- ○ 전 생육기간 필요 강수량: 300~450mm
- ○ 수분이 가장 필요한 시기: 덩이줄기 비대기
- ○ 감자밭 주위에 배수로 설치로 포장이 과습되지 않도록 관리
- ○ 봄감자 수확기 침수 시 피해 현황
  - 배수 직후 수확 침수 기간에 따른 부패 피해율
    · 24시간 침수 시: 부패 발생 시작
    · 36시간 침수 시: 41% 부패
    · 48시간 침수 시: 100% 부패

※ 24시간 이상 침수 시 곧바로 수확하여 음건해야 함

라. 토양 조건

- ○ 배수와 통기가 양호한 사양토 또는 양토
- ○ 토양 산도: pH 5.0~6.0
- ○ 토양별 병 발생 정도
  - 알칼리성 토양: 더뎅이병 발생 증가
  - 산성토양: 흑지병 발생 증가

3. 품종 선택(씨감자 주요 품종)

품종	육성 년도	숙기	내병성		용도	적응 지역
			역병	바이러스		
남작	1960	조생	약	약	식용	전국
수미	1978	조생	약	약	식용, 칩가공용	전국
대지	1978	중만생	약	강	식용(두번짓기)	중남부 평야
세풍	1988	중생	약	약	가공용	전국
조풍	1988	조생	강	강	식용	전국
남서	1995	조생	강	중	식용	전국
대서	1995	중생	중	중	칩가공용	전국

4. 파종

가. 파종량

○ 소요량: 150kg/10a(한 쪽의 무게 30~40g)

나. 씨감자 자르기

○ 작은 감자(30~50g)는 통감자로, 중간감자 이상의 것은 2~3등분한다.
○ 한 쪽에는 한 개 이상의 눈이 있어야 하고 가급적 자르는 면을 적게 한다.
○ 정아부에서 기부 쪽으로 잘라야 세력이 균일하다.
○ 절단 시기(보통재배)는 최소 파종 10일 전이다.
  - 온도 17~18℃, 습도 70~80% 하에 보관
○ 칼은 크로락스 100배액이나 끓는 물에 침지해 소독한다.

5. 작형별 재배 방법(봄 재배)

가. 싹틔움상 설치 시기
○ 싹틔움상 설치 시기: 아주심기 예정일로부터 약 20~25일 전

	싹틔움상 심기	아주심기	기간	싹 길이
중부지방	3월 상순~하순	3월 하순~4월 상순	25~30일간	3~5cm
남부지방	2월 중순~하순	3월 상중순	25~30일간	3~5cm

나. 싹틔움상 설치 방법
○ 설치 장소: 북서풍이 막히고 햇빛 쪼임과 배수가 양호한 지역
○ 싹틔움상 면적 20m²(6~7평)/10a
○ 상내 적정온도: 18~25℃
○ 야간 상내온도: 5℃ 이하로 떨어지지 않도록 함
○ 낮의 상내온도가 30℃ 이상 되면 환기작업

다. 아주심는 방법
○ 뿌리 절단 방지 방법: 묘 채취 1일 전 또는 2~3시간 전에 충분한 관수
○ 심는 거리: 이랑폭 60~75cm(2골폭 40~50cm)×주간 거리 20~30cm

라. 관리 방법
○ 봄 재배 시 생육초기~덩이줄기, 비대기까지 물주기작업 추진
  - 경사지: 스프링클러 등을 이용 관수작업
  - 평탄지: 골에 물을 흘려 대는 것이 효과적임
※ 덩이줄기 비대가 완료되는 시기에 물을 주면 부패 우려
○ 봄감자 수확기에는 장마기 이전에 수확이 완료되도록 함

6. 감자의 병해충

가. 무름병

- 증상: 지면에 접한 잎, 줄기가 수침형 암녹색으로 부패함. 괴경 표면은 자갈색~엷은 흑색의 불규칙 무늬를 띠고 내부는 부패하고 악취가 나며 저장, 수송 중 부패 심함
- 발생 환경: 생육온도 32℃, 토양 중 월동, 상처를 통해 침입함
- 방제: 포장 배수 촉진, 상처 발생하지 않도록 경엽의 과번무 회피

나. 흑지병

- 지중맹아가 침해되면 싹이 흑변 고사, 맹아 지연, 착뢰기 이후에 발병 시 지하경에 갈색의 병반이 생기고 양분의 지하부 이행을 방해하여 기중괴경이 생긴다.
- 연작을 하거나 18℃, 산성토양, 저온다습 시에 심하다.
- 방제: 토양 소독, 종서 소독, 욕광최아로 싹을 튼튼하게 키워 파종한다.

다. 더뎅이병

- 증상: 지상부 증상 없음. 괴경은 융기형, 표면형, 함몰형
- 발생 환경: 병원균 균사, 포자가 피목, 기공, 상처로 침입, 알칼리성 사질 토양에서 발생이 심하다.
- 방제
  - 연작을 피하고 화본과나 두과작물로 윤작
  - 건전 씨감자 사용
  - 씨감자 및 토양 소독
  - 토양 알칼리화 방지
  - 물 관리 철저(괴경 형성기~비대기)
  - 미숙 퇴비 사용 금지

라. 감자뿔나방

- 피해 증상: 지상부는 잎의 표피를 파고 들어가 엽육을 가해하고, 피해부는 투명하게 보이나 똥이 있는 부분은 검게 보임
- 발생 생태: 연중 6~8회 발생함. 휴면성이 없고 유충 또는 번데기로 월동함
- 방제 대책: 저장고 내 감자에는 살충제 훈연 처리 등록 약제가 없으나 나방류 방제제를 준용함

마. 감자방아벌레

- 방제: 윤작, 살충제 입제를 파종 전 토양 처리

바. 감자 바이러스 방제법

- 윤작
- 조기 재배
- 무병 씨감자 사용
- 진딧물 방제 철저
- 이병주 조기 제거
- 포장 위생 철저

※ 참고문헌(출처): 농촌진흥청 농업기술종합정보

고 추

1. 고추의 일반 특성

단명종자, 중일성 식물로 천근성이며 생육기간은 9개월 정도이다.

품종 선택은 출하 목표에 따라서(풋고추, 홍고추, 건고추 등) 또는 토양 적응성, 지역 병해(연작에 의한 병해 등), 품종 특성 등을 종합적으로 고려하여 선택한다.

터널, 노지 재배는 병해 저항성 품종(바이러스, 탄저, 역병), 조기 착과성 품종이 좋으며 비가림재배는 밀식이 가능하고 고온 착과성과 연속 착과성이 좋은 품종이 알맞다.

2. 고추의 생리적 특성

고추는 천근성이며 부정근의 발생이 잘 안 되고 풍해에 약하며, 건조에는 어느 정도 견딜 수 있으나 습해에는 아주 약하다.

가. 생육 단계별 온도 적응성

- 발아: 28~30℃(최저 20℃ 이상)
- 가식: 낮 25~27℃, 밤 15~17℃, 지온 18~20℃
- 정식: 낮 22~23℃, 밤 14~15℃, 지온 15℃

- 재배: 생육적온 낮 25~28℃, 밤 18~22℃, 지온 18~24℃
- 개화 및 착과적온: 18~23℃

나. 수분

건조와 과습에 약하다.

다. 비료

표준 시비량: 질소 19.0kg, 인산 11.2kg, 칼리 14.9kg

라. 토양

양토~식양토, 산도 pH 6.5

3. 고추 재배 월별 실천 사항(참고용)

1월: 고추 재배 계획 수립(전년도 가격 및 기후 등)
　　 고추 품종 선택(소비자 기호 및 시장성 등)
　　 육묘상 준비(상토, 보온덮개, 전열선, 온도계 등)
2월: 상토 관리, 고추 파종하기, 육묘상 온도 관리, 병해충 방제 등
3월: 고추 가식, 온도 관리 및 관수 관리, 병해충 관리 철저
4월: 온도 관리 철저(고온 피해 및 환기 철저 등)
　　 시비 관리, 정식 전 육묘 관리(외부 환경과 같은 조건으로 점차 적응시킴)
　　 병해충 관리 철저(바이러스, 입고병, 총채벌레 등)

5월: 고추 묘 정식(정식 깊이는 너무 얕거나 깊지 않도록)

정식 시 묘에 상처가 발생하지 않도록 주의하며 정식한 후 충분히 관수하고 흙으로 덮어 준다.

헛골 넓이를 1m 이상으로 하고 포기 사이는 35cm 이상으로 넓게 정식

6월: 병해충 관리 및 시비 관리 철저

정식 후 토양이 건조하거나 마르면 칼슘 흡수가 적어 부패과가 생기므로 염화칼슘 0.3~0.5% 액으로 엽면시비 정식 후 25~30일 간격으로 요소시비 실시(10kg/10a)

시비량은 토양 및 작물의 생육에 따라 조절한다.

질소비료 과용 시 작물이 연약하게 자라 병해충이 많이 발생

병해충 관리(진딧물, 담배나방, 총채벌레 등)

7~8월: 장마철 작물 관리 철저(배수로, 지주대 보강, 비 오기 전 보호 살균제 살포 등)

시비 관리 및 병해충 관리(탄저병, 역병, 바이러스 등)

수확 관리(꽃이 피고 50일 이후 빨간 고추 수확 등)

9~10월: 고추 건조, 후기 수확을 위한 영양 관리 등

11~12월: 수확 후 관리(고추대, 비닐, 수확 잔재물 제거 등)

행복한 투어리스트

인생은 길지 않은 여행이다.
때로는 여행의 목적지보다 여행에서 만나는
멋진 풍경과 감상이 우리를 더욱 설레게 한다.
성급한 물질만능주의와 타인의 어긋난 욕망을
타산지석으로 삼아 건강, 사랑을 실천하며
여기서 우리의 행복을 이야기하자.
지금은 인생의 쉼표가 필요한 시간이다.
잠시 걸음을 멈추고 당신의 봄날을 즐겨라!

영혼의 실크로드를 찾아 떠나는
행복한 투어리스트여!

6

알기 쉬운 PLS
(농약허용물질 목록관리제도)

농약허용물질 목록관리제도(PLS: Positive List System)란, 농약 잔류허용기준이 설정되지 않은 농산물에 대하여 잔류허용기준을 농약 불검출 수준인 0.01mg/kg으로 일률적 적용하는 제도이다.

알기 쉬운 PLS
(농약허용물질 목록관리제도)

농약허용물질 목록관리제도(PLS: Positive List System)란, 농약 잔류허용기준이 설정되지 않은 농산물에 대하여 잔류허용기준을 농약 불검출 수준인 0.01mg/kg으로 일률적 적용하는 제도이다.

○ 법적 근거: 식품위생법 제7조에 따른 '식품의 기준 및 규격'

○ 시행 시기
 - 1차: 16년 12월
 - 2차(모든 농산물): 19년 1월

○ 농약 포장지 표기사항 반드시 확인하기

○ 재배작물에 등록된 농약만 사용하기

○ 농약 희석 배수와 살포 시기 지키기

○ 수확 전 마지막 살포일 준수하기

○ 출처 불분명한 농약 사용하지 않기

7

딸기의 이해
(설향 품종을 중심으로)
딸기의 일반적인 특성을 알아보자!

딸 기

1. 딸기의 일반적 특성

식물체는 다년생이며, 잎, 뿌리, 관부로 구성된다.

관부에서 잎과 뿌리, 런너 및 화방이 출현하는 습성을 가지고 있다.

딸기의 방화곤충으로는 꿀벌, 통꽃벌, 꽃등애 등이 있지만 대개 꿀벌에 의해 수정한다.

딸기의 개화 후 성숙까지의 적산온도는 600~1,000℃ 정도이며, 촉성재배에서는 약 50~70일, 반촉성재배에서는 40~50일, 노지재배에서는 30~35일 정도면 수확이 가능하다.

- 생육적온: 낮 17~20℃, 야간 10℃
- 내한성: 식물체는 −3~−2℃까지도 견디나, −7℃ 이하에서 동해
- 내서성: 30℃ 이상에서는 생육 정지, 37℃ 정도면 고온장해
- 광합성량: 오후 2시까지 90% 이상 이루어지므로 오전 햇빛이 중요
- 토양 적응성: 통기성, 보수성이 좋고 유기질이 풍부한 양토 및 식양토, 사질토에서는 활착과 초기생육, 개화 및 수확기가 빠르나 묘가 빨리 노화된다. 점질토에서는 초기생육은 더디나 후기의 초세와 품질이 양호하다.
- 토양 산도: pH 6~7 사이가 적합하다.

2. 설향 품종(대표 품종)

 2004년 김해, 나주 등에서 지역 적응 시험과 논산, 봉동의 농가에서 2년간 특성검정을 거친 결과 흰가루병에 강하고 세력이 우수하며 다수 대과성이 인정되어 2005년 직무육성 신품종 심의를 거쳐 설향으로 명명하였다.

 비교적 육묘가 용이하고 병해충 저항성이 높아 농가 선호도와 재배면적이 꾸준히 증가하고 있다.

 품종 특성을 살펴 보면 휴면시간이 비교적 얕은 편으로 촉성재배에 적합하다.

 화아분화는 '장희', '매향'보다 늦으나 촉성재배가 무난하며 정식은 9월 중순경에 하고 12월 중순에 수확이 가능하다.

 흡비력, 저온신장성이 우수하며 과형은 원추형으로 과색은 선홍색이며 과즙이 풍부하고 과일이 균일한 장점이 있다.

 뿌리 발달이 우수하여 연작이나 고농도 비료장해에도 비교적 잘 견딘다.

 수확기 흰가루병에 매우 강하고 탄저병에 대한 저항성도 '육보'보다는 약하지만 '매향'보다 저항성이 크다.

 잿빛곰팡이병과 진딧물 발생이 문제가 되기도 한다.

 평균 과중이 14.7g으로 대과율이 높으며 수량성도 좋다

 당도는 10~11브릭스 정도로 당도는 높지는 않지만 씹는 촉감이 우수하다.

다른 품종보다 칼슘요구도가 많은 품종으로 생각되며 수확기에는 과일 경도가 낮고 과즙이 많아 적기 수확이 요구된다.

※ 다수확의 기본전제는 우량묘를 양성하는 육묘기술이며, 병충해(탄저병, 흰가루병, 시들음병 등) 관리와 노동력 절감 기술도 딸기 재배의 성패를 좌우한다.

3. 대표적인 딸기의 병해
가. 탄저병
○ 증상

러너나 잎, 잎자루 등에 흑갈색의 반점이 형성되고 다습하면 병반이 확대·부패되는 반점형과, 육묘포 혹은 본포에서 포기 전체가 생기 없이 시드는 위조형이 있음

○ 대책

무병묘 이용, 비가림재배, 점적관수 등을 실시하고, 질소질비료의 과용을 삼가며, 강우 전후 약제 방제.

나. 흰가루병
○ 증상

한여름을 제외한 전 기간에 발생, 건조 시 다발, 잎과 꽃자루, 과실 등에 흰 가루를 형성하며, 꽃잎이 자홍색으로 변하거나, 잎이 위로 말려 올라간다.

○ 대책

매향이나 설향과 같은 저항성 품종 이용, 육묘기에 방제를 철저히 하고, 과실 수확기에는 유황훈증 실시, 약제 살포 시 전착제를 가용하여 효과를 극대화하고, 보온, 관수 및 시비에 힘써 식물체의 스트레스를 경감

다. 시들음병(위황병)

○ 증상

잎의 일부가 작아지며, 윤기가 없어지고, 누렇게 변하며 심하면 고사한다.

○ 대책

무병묘 사용, 재배 포장의 배수 개선, 시비 및 적절한 관수와 온도 관리로 예방. 다발하는 포장은 이듬해 사용 전 토양훈증 등으로 방제한다.

내일을 사는 男子

바람이 불어오는 소리에
구름처럼 하루가 흘러간다.
어디로 가야만 하나?
무엇을 하여야 하나?
둥지를 떠나 길 잃은 새처럼 조급함과 불안함이
어둠 속으로 내려앉을 때
나는 마음속에 詩를 쓰기 시작한다

나의 소망은 아주 작은 것이라네.
오늘보다 더 나은 내일이면 되는 그런 하루~
아름답고 적당한 핑계로
의미를 담아 보지만
정작 나의 좁은 마음속조차도 핑계로 감당할 수 없는
그런 오늘이 내일을 맞으러 간다.

8

과수
(블루베리, 사과, 감)

나목의 형태로 된
블루베리, 사과, 감의 특성은 무엇일까?

블루베리

1. 작목명: 블루베리

2. 품종의 분류(3계통)

블루베리 품종은 크게 하이부시, 로우부시, 래빗아이로 분류

3. 품종 선택

성숙의 조만성, 과실 수량, 과실 품질, 과실 수확의 난이성, 내한성 및 내병성 등을 고려한다.

묘목은 무병묘이고 포트 육묘한 2년생 높이가 30cm, 3년생은 50cm 정도 되는 것이 좋다.

4. 재배 적지

가. 토양 pH(산도) 조절

블루베리는 산성토양에서 잘 자란다. 최적 pH는 4.3~4.8 내외이고, pH 4.0~5.2의 범위라면 안전생육이 가능하다.

나. 재식 구덩이

직경 50~60cm, 깊이 40cm 정도의 구덩이를 파고 피트모스와 흙을 50 : 50으로 섞어 준다.

다. 재식 시기

가을 식재와 봄 식재가 있으나 겨울이 추운 지역에서는 봄 식재가 바람직하다.

라. 재식 간격

1~1.5m(주간 간격)×2.5~3.0m(골 간격)

5. 시비

가. 기비

재식 본수가 10a당 180주(1.8m×3.0m)이고 목표 수량이 800~1,000kg 일 경우의 기비는 3월 중순경에 10a당 질소, 인산 및 가리를 각각 4.5kg(성분량) 정도 사용한다.

나. 추비

추비는 여름과 가을에 2회 사용하는데, 여름 추비는 5월 중순경, 가을 추비는 8월 초에 인산 및 가리를 각각 2.2kg씩 사용한다.

※ 품종별 특성표

	품 종 명	성숙기	특 징
북부하이부시	듀크 (Duke)	6월 상순	1986년 발표, 직립성, 수세 강, 대립종, 풍미 보통
	얼리블루 (Earliblue)	6월 상순	1952년 발표, 직립성, 수세 강, 과실 생산성 중, 대립종, 내한성 강
	블루제이 (Bluejay)	6월 상순~중순	1978년 발표, 직립성, 수세 강, 내한성 매우 강함
	레카 (Reka)	6월 상순~중순	1988년 발표, 중립종, 직립성, 다수확 품종
	선라이즈 (Sunrise)	6월 하순	1988년 발표, 직립성, 수세 중, 풍미 우수
	블루크롭 (Bluecrop)	7월 상순	1952년 발표, 직립성, 수세 중, 풍미 매우 우수, 대립종, 북부하이부시의 대표종
	토로 (Torl)	7월 상순	1987년 발표, 직립성, 수세 강, 대립종, 과일이 포도처럼 한 송이에 동시에 익음
	블루레이 (Blueray)	7월 상순	1955년 발표, 직립성, 수세 강, 대립형, 안정적 생산력, 내한성 강
	시에라 (Sierra)	7월 상순	1988년 발표, 직립성, 수세 강, 과일 생산력 우수, 대립종
	챈들러 (Chandler)	7월 상순	1994년 발표, 직립성, 수세 강, 안정적인 과일 생산력, 긴(3~5주) 성숙 기간, 대립종, 풍미 아주 뛰어남
	코빌 (Coville)	7월 중순	1949년 발표, 개장성, 수세 강, 과일 생산성 높음, 신맛 강, 풍미 우수
	루벨 (Rubel)	7월 중순	1926년 발표, 직립성, 수세 중, 소립종, 야생종에서 선발된 종 중 가장 오래된 품종 중 하나로 항산화 능력이 가장 높음
	엘리자베스 (Elizabeth)	7월 중순	1966년 발표, W.엘리자베스 여사에 의해 선발, 직립에서 개장성, 성숙기 긴 편, 풍미 우수, 보존성 우수

	브리지타 (Brigitta)	7월 중순	1977년 발표, 직립성, 수세 강, 안정적인 생산, 대립종, 당산이 조화되어 풍미 우수, 보존성, 수송성 우수
	다로우 (Darrow)	7월 하순	1965년 발표, 개장성, 수세 강, 극대립종, 성숙 전 신맛이 강하나 성숙기에는 품질이 좋음, 보존성 약간 떨어짐
	엘리어트 (Elliot)	7월 하순	1973년 발표, 직립성, 수세 강, 안정적 생산력, 중립종, 신맛 강
반수고하이부시	노스랜드 (Northland)	6월 상순~중순	1967년 발표, 반직립으로 개장성, 중립종, 내한성 강

※ 참고문헌(출처): 농촌진흥청 농업기술종합정보

6. 블루베리 전정

가. 목적

재배 및 관리하기에 편한 수형을 만들어 우량 품질을 지닌 열매를 생산한다.

충분한 가지치기작업을 통해 나무의 높이와 폭을 조절하고, 필요 없는 잔가지를 제거하여 안쪽까지 햇볕이 잘 들고 통풍이 잘되게 한다.

나. 시기

보통 동절기 피해를 입은 가지를 확인할 수 있는 2월 하순에서 3월 중순 사이에 작업하는데, 과실 수확 후부터 이듬해 봄 새순이 돋아나기 전까지의 기간 동안 필요에 따라 시행하면 된다.

다. 전정을 해야 할 대상

- 오래된 가지나 냉해 또는 병충해를 입은 가지
- 지면에 붙듯이 아래로 자란 가지
- 나무 안쪽에 서로 교차하며 자란 가늘고 빈약한 가지
- 과도한 꽃눈이 붙어 있는 작고 가는 가지의 끝부분
- 뿌리에서 가늘고 작게 여러 겹 올라온 가지

사 과

1. 사과의 특성 쉽게 이해하기

재배환경은 평균기온 8~11℃, 생육기 15~18℃이다.

온대과수로, 휴면 기간 중에는 7℃ 이하의 적산기간이 1,200~1,500시간이 요구된다.

교목성으로 3년 차 가지에 사과가 달린다.

가지는 뼈대(수형)를 만들고 양, 수분의 통로가 되며 잎은 광합성 작용과 증산 작용(온도 조절, 물의 이동 등)을 담당한다.

사과나무의 꽃은 수분-수정-열매의 순서로 과실을 생성한다.

배수가 잘되고 토양의 물리성과 화학성이 좋은 곳에 심으며 양분투입량을 살펴보면 퇴비는 300평(10a) 기준으로 5~10톤, 석회는 300(사토)~600kg(양토), 인산은 200~400kg, 붕사는 2~3kg가 적당하다.

심는 순서는 계획을 수립하고 과원 기반 조성과 배수시설, 토양 개량을 안정적으로 실시하고 지주시설을 설치한다(선진농가벤치마킹).

재식 방법은 남북 방향이 좋으며 나무가 자라는 거리, 작업 환경, 주 통로를 종합적으로 고려한다. 배수불량지는 고휴 재식한다.

수분수 혼식: 주 품종과 다른 품종 15~20%, 꽃사과 수분수(10주 사이에 1주 배치)

2. 품종 선택

○ 재배면적을 감안하여 선택: 3품종 내외/1ha 이하
○ 수확기별 품종
　- 조생종(8월 하순까지): 쓰가루, 썸머킹 등
　- 중생종(9월 상순~10월 중순): 홍로, 감홍, 양광, 아리수, 후지조숙계 등
　- 만생종(10월 하순 이후): 후지, 후지착색계 등

3. 전정 관리

　전정의 기본 목적은 수광 태세(햇빛)를 좋게 하고 수고를 조절하며, 많은 열매를 수확하기 위해 가지를 확보하는 것이다.
　따라서 가지의 형태(각도, 위치, 굵기 등)를 잘 이해하여, 본인의 과원 상황에 맞게 전정한다.

4. 사과 재배 관리(기본 과정)

○ 수분 관리
○ 전정 관리
○ 병해충 관리
○ 농약 사용
○ 수확 관리

5. 병해 관리

병은 환경, 기주, 병원균 3요소에 의해 감염되므로 3요소를 기준으로 사전에 예방하는 것이 중요하다. 사과나무병은 잎, 과실(꽃), 줄기, 가지, 뿌리 등 다양한 부위에 나타난다.

가. 갈색무늬병(잎)

병든 잎에 균사, 자낭반으로 월동하며 5월 이후 성엽, 노엽에 발병을 시작한다.

밀식장해가 있거나 수세가 불안정한 나무에 국부적으로 발생한다. 균형시비와 철저한 관·배수, 통광, 통풍을 유지하며 수관 내부까지 농약 충분량을 살포한다.

나. 점무늬낙엽병(잎)

균사로 병든 가지와 잎에서 월동하며 4월경 분생포자 형성이 시작된다.

5~6월이 최성기(1차 전염원)이며 고온다습한 우기 감염으로 2차 전염된다.

다. 겹무늬썩음병

줄기사마귀, 이병과실에서 월동하며 5월 이후 과점에 감염, 오랫동안 잠복 후 당도 10% 이상 시 발생한다.

갈색 원형 반점이 생기고, 주위는 붉게 착색된다. 점차 병반이 확대되며 후지 품종은 과실, 홍로와 쓰라루 품종은 줄기 피해가 많다.

유기물을 사용하고 적정 수세를 유지한다.

라. 탄저병

가지 상처 부위, 과실 착과 부위에 침입하여 균사로 월동하며 7월 이후 과실 표면에 검은 반점이 생기고 담홍색 포자덩이가 쌓인다.

고온성 병해로 해발 낮은 평지, 곡간 사과원에 다발생하며 아카시, 호두나무 등 중간 기주와 상단부 일소 피해, 병든 가지를 제거해 준다.

마. 부란병

나무껍질이 갈색으로 부풀어 오르며 시큼한 냄새, 까만 돌기가 생기고 노란 실모자 포자가 형성된다. 빗물에 의해 이동하고 상처부위에 감염된다. 연중 감염되며 최성기는 12월에서 4월까지이다.

잠복기는 수개월~3년이나 된다. 비배 관리, 동해 예방, 전염원을 제거해 주며 전정 부위 적용 약제를 바른다. 병환부를 도려내고 도포제를 처리한다.

바. 역병

과실, 줄기, 대목, 뿌리에 발생하며 병든 부위에서 균사, 난포자로 월동한다. 배수불량, 동해 등 스트레스와 연관되어 발생되고 초생 관리로 병원균의 밀도를 경감할 수 있으며 빗물이 튀지 않게 피복 관리한다.

사. 흰날개무늬병

오래된 과원에서 뿌리에 붙은 병원균의 균사로 전염된다.

뿌리에 흰색 균사막이 생기고, 점차 회색, 흑색 순으로 변하며 목질부까지 부패한다. 묘목을 심기 전에 침지 소독하며 적정 수세 유지와 관·배수도 철저히 한다. 발생 초기에 플루아지남(후론사이드)을 분제 처리한다.

6. 농약의 올바른 사용

- ○ 재배작목에 등록된 농약만 사용하기
- ○ 농약 희석배수와 살포 횟수 지키기
- ○ 출하 전 마지막 살포일 준수하기
- ○ 농약 포장지 표기 사항을 반드시 확인하고 사용하기
- ○ 불법 밀수입 농약이나 출처 불분명한 농약 사용 금지
- ○ 살균제, 살충제, 제초제
  - 살균제: 병은 예방이 기본
    보호살균제, 침투살균제, 보호+침투
  - 살충제: 해충의 작용점을 파악한다.
    나방, 노린재, 응애/알, 성충 등
  - 제초제: 잡초의 특성을 파악
    1년생, 다년생 등

감

1. 분류

감나무과 중 온대에 분포하는 것은 4종(감나무, 고욤나무, 미국감나무, 중국유시)이다. 감나무 재배의 역사는 정확하지 않으나 고려 원종(1284~1351) 무렵으로 추정되며 조선 성종(1474) 때 국조오례의에 중추제에 제물로 사용했다는 기록이 있다.

2. 감의 효능

무기성분이 풍부하고 인체의 필수적 영양성분인 비타민류와 구연산이 풍부하다. 비타민C 함량이 많아 감기 예방에 좋으며 다른 과실보다 단백질과 지방, 탄수화물, 회분, 인산과 철분 등도 많다. 특히 칼리 함량이 많아 감을 먹으면 체온을 일시 낮추기도 하며 구연산은 성인병 환자들에게 인기가 많다.

3. 재배 현황

감나무 재배면적은 25,000ha(97년 기준)가 넘으며 경상남북도와 전남지방에서 많이 재배한다. 떫은감 재배 농가 수는 2만 농가가 넘으며 경북지역이 전체면적의 32~35%를 차지한다. 떫은감의 품종별 재배면적은 홍시감으로 이용되는 갑주백목(대봉시, 봉옥)이 1,659ha로써 가장 많고 청도반시, 고종시, 월하시가 뒤를 따르고 있다.

갑주백목과 도근조생(극조생종)이 꾸준히 증가하고 있다. 부유는 단감의 대표 품종으로 80% 이상을 차지한다.

4. 감나무의 기초적 특성 이해하기

감나무는 3월이면 휴면을 끝내고 4월에 발아신장하여 개화결실기를 거쳐 10월 하순에 과실이 성숙한다.

온대성 과수로 9, 10, 11월의 평균기온이 각각 22℃, 16℃, 12~15℃ 지역에서 재배가 적합하며 겨울철 최저기온이 −15℃ 이하로 내려가지 않고 봄에 늦서리 피해가 없어야 한다.

4~5년째부터 과실이 달리기 시작하여 15년경 성과기에 이르고 감나무 뿌리의 활동은 5월 중하순경에 시작하여 6월 하순~7월 상순경에 최성기에 달한다.

감나무 가지는 전형적인 정부우세성을 보인다.

다른 과수에 비해 잎이 넓고 두꺼우며 품종에 따라 모양이 약간 다르다.

감나무는 지엽 밀도가 높고 수확기가 늦기 때문에 해거리를 하기 쉽고 생리적 낙과도 많다.

감은 정액성 꽃눈으로, 1년생 가지의 끝눈과 그 아래의 2~3번째 눈은 꽃눈으로 되지만 그 아래의 눈들은 줄기만 나오는 잎눈으로 되거나 잠아로 된다.

토심이 깊고 비옥하며 배수가 잘되는 점질양토가 나무의 세력도 좋고 품질 좋은 과수를 다수확할 수 있다.

묘목은 품종이 정확하고 잔뿌리가 많으며 병해충 피해가 없는 건강한 것을 선택한다.

5. 정지전정

정지는 나무꼴을 만드는 과정이고 전정은 가지를 솎고 잘라서 매년 안정된 과실을 생산하는 작업이다.

가. 유목

○ 개심자연형

나무의 직립성을 살려가며 원줄기를 짧게 하고 주지수를 적게 배치하여 햇빛과 통풍이 양호하여 품질 좋은 과실을 얻을 수 있고 키가 작기 때문에 병해충 방제 등 작업이 쉽다.

○ 변칙주간형

개심자연형처럼 일찍부터 주지를 결정하기보다는 양성한 주지 후보지가 서로 겹치거나 평행을 이루고 가지는 솎아 없애 가면서 6~7년째 가지 연차별로 하나씩 5번 주지까지 형성한다.

주지 수는 4~5개를 형성시킨다.

나. 성목

자연낙엽 후 휴면기에 하는 겨울전정과 생육기간 중에 하는 여름전정으로 분류한다.

겨울전정은 건전한 잎이 낙엽하고 다음해 봄 발아 전까지의 기간 중에 실시한다.

여름전정은 새 가지의 발아 직후부터 분굵기를 시작하여 새 가지가 굳기 전에 한다.

여름전정은 엽 면적을 감소시켜 나무 생장에 영향을 미침으로 세심한 주의가 필요하다.

6. 생리장해

생리장해에는 꼭지들림, 녹반증, 과피흑변현상 등이 있다.

꼭지들림 형태는 과실이나 감꼭지 사이에 일부 틈이 생겨 연화, 부패되는 현상으로 품종에 따라 차이가 있으며 9~10월 갑작스러운 과실 비대가 이루어질 때 발생한다.

녹반증은 망간 과다흡수장해로 착색기 과피 일부분에 검푸른 반점이 생겨 품질을 저하시킨다.

과피 흑변 현상은 과원이 다습한 상태이거나 물기가 마르지 않은 과실을 저장할 경우 많이 발생한다.

감나무에 나타나는 병해로는 저온다습 상태에서 많이 발생하고 60~90일 잠복 후 9월부터 잎에 나타나 심한 경우 조기 낙엽되는 낙엽병과 유목기 신초, 과실에 많이 발생하는 탄저병 등이 있다.

7. 충해

　감나무에 피해를 끼치는 해충은 여러 종류가 있으나 감꼭지나방, 주머니깍지벌레 등의 발생이 많다.

　감꼭지나방은 감나무에 피해를 가장 많이 끼치며 1~2령의 어린 유충은 가지선단에서 3~4번째까지의 눈을 식해하며 성장하고, 신초나 과실에 식입하므로 신초는 일찍 고사하고 과실은 조기에 낙과한다.

　봄철에 줄기 사이를 잘 살펴 똥이 조금 붙어 있는 월동 유충의 잠복처를 찾아 제거한다.

　1~2화기 성충 발생기에 2~3회 살충제를 살포한다.

　주머니깍지벌레에 의한 피해는 성충과 약충이 가지와 잎 등에 기생하여 즙액을 빨아먹어 수세가 약화되며 심하면 고사한다.

　배설물로 감로를 분비하기 때문에 그을음병을 유발하기 쉬우며 월동기에 기계유제를 살포하여 월동란을 방제한다.

　방제 적기는 6월 하순과 8월 하순이다.

바다는 엄마다

바다는 푸른 옷을 입은 엄마다.

한여름의 뜨거운 태양도, 칼날처럼 매서운 겨울 추위에도,
내가 세상으로부터 튕겨 나와 사랑으로부터 멀어져
고독의 자물쇠에 촘촘하게 묶여 있을 때에도
파아란 웃음으로 모래를 쓰다듬으며 살포시 나를 안아 주었다.
세상의 한복판에서 스님의 얼굴에서 자비심이 엷어지고
목사님의 낯빛에서 은혜를 찾을 수 없을 때,

그리고 우리 마음속에서 진실을 떠나보낸 그날도
어김없이 바다는 엄마의 품처럼 항상 그 자리에 서 있는
따스한 봄날이었다.

9

약초
(황기, 둥굴레, 오미자, 백수오)

약용작물산업의 확대
: 생약원료, 기능성 식품, 한방화장품, 신선식품,
천연물 의약, 생활소재 등 다양화

국내외 약용산업의 현황

○ 전통 의약의 범세계적 활용을 위한 기반 조성 활발
  - 유럽: 약용작물 GAP 선도(독일 39%, 프랑스 21% 등)
  - 중국: 10대 성장 동력 산업으로 선정, 적극적 현대화
  - 미국: 정부 차원의 보완 대체 의약 육성 추진
  - 일본: 쯔므라제약 등 민간 주도로 한약제제시장 활성화

○ 약용산업 국내 시장 규모: 7.4조원('09), 세계 시장(약 240조)의 3.1%

○ 약용작물 국내 수요의 50%를 수입에 의존

○ 국내 약용작물 생산액 증가 추세 및 약용작물 재배면적 증가

○ 약용작물산업의 확대: 생약원료, 기능성 식품, 한방화장품, 신선식품, 천연물 의약, 생활소재 등 다양화

황기

1. 황기의 일반 특성

- 한약명: 황기(黃芪)
- 콩과에 속하는 다년생 초본
- 이용 부위: 주피를 거의 벗긴 뿌리
- 수확기까지 계속 개화 결실, 타가수정
- 결실기 9~10월, 꼬투리당 8~10립, 천립중 7g
- 주산지: 정선, 영월, 제천, 봉화, 영주 등

2. 재배 적지

- 내한성이 강해 전국 어느 지역이나 재배 가능
- 서늘한 중북부 산간지역
- 하절기 온도가 높지 않고 일교차가 크며, 부식질이 많고 토심 깊고 배수 잘 되는 토양
- 사질토에서는 잔뿌리 발생이 많고 배수가 안 되는 곳은 뿌리썩음병 발생

3. 재배환경

가. 기후

전국 어느 곳에서나 재배가 가능하지만 중남부지역은 1년근재배가 유리하고 비교적 서늘한 중북부 고랭지대에서 2년생 이상 다년근재배가 가능하여 뿌리 생육이 잘되고 품질이 좋음

나. 토양

재배토양은 가급적 배수와 보수력이 양호한 토질로서 농경지의 토양오염 우려 기준을 초과하지 아니하여야 한다.

토심이 깊고 물 빠짐이 아주 좋으며 부식질이 많은 식양토가 적당하고, 연작하면 입고병, 시들음병 발생이 증가하여 뿌리 수량과 상품성이 저하된다.

4. 종자 준비 및 파종

가. 종자 준비

- 종자는 파종하기 바로 전년도에 채종한 종자 사용
  (묵은 종자는 발아는 되지만, 잘 자라지 않고 고사가 심하다.)
- 종자는 색깔이 흑갈색이고 윤기가 나며 무겁고 충실한 것이 좋다.
- 채종은 2~3년생, 1년생 채종 시 적심 1회 실시

나. 파종

- 파종 적기는 4월 상순이나 5월 중순까지 가능
- 저온기 파종 시 발아율 낮고, 출현 후 입고병 발생함
- 고온기 파종 시 고온건조로 발아율 낮고, 강한 햇볕으로 고사

5. 파종 방법

- 파종 전 밭 전체에 밑거름을 골고루 뿌리고 깊이 갈아 전층시비한다.
- 이랑과 이랑 사이: 110~120cm
- 두둑 넓이: 40~50cm / 높이는 40cm 정도
- 포기 사이: 10cm
- 발아는 파종 후 6~10일

○ 파종기 이용 시 300평(10a)당 두 시간 정도 소요
○ 300평(10a)당 파종량은 1kg 정도

6. 시비량(비배 관리)

  황기는 콩과 식물로, 뿌리를 약용하므로 질소비료를 적게 하고 퇴비, 인산, 칼리를 많이 주어야 한다. 또 산성토양에는 석회를 충분히 사용하여 토양을 중화시킨 후 심는 것이 좋다.

  보통 밭에는 10a당 질소비료 6kg, 인산비료 7kg, 칼리비료 8kg, 퇴비 1,000kg을 밑거름으로 준다.

7. 황기 높은 이랑 재배기술

가. 순지르기
○ 1차: 초장 25~30cm 시 15~20cm 높이
○ 2차: 초장 35~40cm 시 25~30cm 높이
○ 3차: 생육 상태에 따라 순지르기

※ 맑은 날 순지르기 실시하고 8월 중순 이후는 순지르기 금지

나. 추비 시용
○ 1차: 1차 순지르기 후 N-K 복비 6~7kg
○ 2차: 2차 순지르기 후 N-K 복비 8~10kg
○ 3차: 8월 하순~9월 상순까지 추비 시용

8. 본밭 관리

가. 솎음

씨뿌린 후 10일 내외가 되면 싹이 올라오는데 아주 배지 않으면 솎아 주지 않고 그대로 키우는 것이 일반적이다. 황기는 드물게 키운 것보다는 다소 배게 키워야 곁뿌리의 발생이 적어 품질이 양호하다.

나. 보파

직근성 작물로 이식이 잘 안될 뿐만 아니라 곧은 뿌리를 수확해야 하므로 결주가 생기면 이식하지 않고 보파한다.

다. 배수 관리

황기는 곧은 뿌리가 땅속 깊이 뻗어 내려가므로 여름철 장마로 수위가 높아지거나 과습하면 뿌리가 썩고 말라죽는다. 배수로의 깊이는 적어도 40cm 이상이 되어야 한다.

9. 병해충 방제

가. 흰가루병
○ 병징: 잎, 줄기에 발생하며 주로 잎 표면에 흰 가루 모양의 분생포자 밀생
○ 발병: 고온건조

나. 시들음병(Fusarium wilt)
○ 병징: 초기에는 식물체 하엽부터 황화되어 상위엽 진전
 발생 초기 지제부 부근 줄기 잘라 보면 도관부 갈변
○ 발병: 균사와 후막포자 형태로 월동하며 토양 전염
○ 윤작하여 병 발생을 줄이고 병이 발생이 되면 방제가 안 되므로 병든 식물체는 뽑아서 소각한다.

다. 줄기썩음병(Stem rot)
○ 줄기의 지표 부위가 변색되어 썩고, 병든 부위에는 흰 균사가 붙어 있다. 뽑아 보면 뿌리가 부패되어 소실된 것을 볼 수 있다.
○ 여름철 장마기에 피해

라. 입고병
지표 부위 어린 식물의 줄기가 썩는 증상

10. 수확 및 건조

고랭지에서는 보통 3년근을 약용으로 이용하며, 비옥한 땅에서는 당년에도 뿌리가 상당히 크므로 식품용으로 수확한다. 10월 하순 및 11월 상순이 수확 적기로 볼 수 있다.

굴삭기를 활용하면 1대당 1일 1,000평 정도 수확 가능하다.

수확 시 굴삭기 1대당 작업 인력은 10명 정도 소요되며, 수확 즉시 세척 및 탈피작업을 실시한다.

세척 및 탈피작업 시 과도한 탈피작업을 지양한다. 단시일 안에 건조시키는 것이 껍질이 희고 깨끗하여 상품성이 높다. 열풍 건조 시 40~45℃에서 24시간 정도 건조시킨다. 80~90% 건조되었을 때 간추려 묶어서 완전히 건조시킨 후 저장하거나 출하한다.

둥굴레(황정)

1. 일반 특성

- 식물명: 둥굴레, 층층갈고리 둥굴레
- 과 명: 백합과
- 생약명: 황정(黃精)
- 이용 부위: 덩이줄기
- 다년생 초본으로 우리나라 북부와 러시아, 중국, 몽골에 분포한다. 꽃은 5~6월에 피며, 꽃자루 길이는 1.5~2cm이고, 끝이 둘로 갈라져 두 개의 꽃이 붙는다. 꽃받침은 작고 꽃자루보다 훨씬 짧다. 종 모양으로 아래로 늘어지고, 꽃잎은 원통 모양으로 길이가 8~13mm이며, 끝이 여섯 갈래로 갈라지고 옅은 녹색을 띠고 있다. 수술은 6개, 암술은 1개이다.

2. 둥굴레의 효능

- 소화 기능 강화
- 근육과 뼈를 튼튼하게 함
- 폐결핵으로 인한 해수와 가래에 효과
- 노화 작용을 억제하는 항산화 기능

3. 재배 적지

　우리나라 중 북부 산지에 재배가 가능하나 기후는 크게 가리지 않고, 심한 건조와 과습이 계속되는 습지에서는 생육에 지장을 주어 재배가 곤란하며, 15~18℃의 온도와 50~80% 정도의 토양 수분이 적합하다.

　주야 일교차가 크며, 여름철 서늘한 지역으로 통풍이 잘되는 지역이 좋다.

　토양은 유기질 함량이 많으며 배수가 잘되는 식양토 · 사양토가 적지이다. 점질이 많은 토양에서는 물 빠짐과 통기 상태가 나빠 생육이 불량하다.

4. 재배 방법

가. 번식 방법

　황정의 번식은 종자 번식과 근경(뿌리줄기) 번식이 있다.

　종자 번식은 초기 생육이 늦고 재배기간이 길기 때문에 많이 이용되지 않고 특수한 육종에서나 이용되며, 재배를 목적으로 할 때는 주로 근경 번식(재배기간 단축)을 이용한다.

　종근은 생산자에게서 직접 구입하며 포장 준비가 다 끝난 뒤 종근을 구입한다.

　배수가 양호한 포장을 선정하고 토양살충제를 살포하여 굼벵이, 거세미나방 피해를 예방하며 퇴비를 충분히 살포한 후 깊이갈이를 한다.

　종근은 상처를 덜 받도록 조심스럽게 다루며, 박스에 10~20kg 단위로 담는다. 종자 소독은 베노람수화제 1,000배액에 30분 정도 담갔다가 건져서 그늘에 약간 말리어 심거나, 깨끗한 모래에 묻어 최아된 것을 심으면 입모율이 높고 출아 기간도 빨라진다.

나. 종근 식재

황정은 어느 약초보다도 많은 양의 비료를 흡수하는 약초의 하나이다. 그러므로 밭을 갈기 전에 퇴비를 10a당 3,000kg을 뿌리고, 경운한 후 계분, 돈분, 비료 및 콩 복합비료 2포를 뿌리고, 다시 깊이갈이를 한 후 5~10일 후에 종근을 파종한다.

정식 시기는 가을(10월 중하순, 11월 상순) 식재이고 중북부지역에서는 3월 중하순경 또는 4월 상순경 식재한다.

주의할 점은 가을 식재 시 뿌리 활착이 안 되어 동해 피해를 입는 경우도 있다는 것이다.

종근량은 대략 평당 3kg 정도이고 종근 식재 깊이는 20cm가 적당하며 60cm 간격으로 줄뿌림을 한다.

종근에는 활동하는 눈과 잠자는 눈(潛芽)이 있는데, 잠자는 눈은 2~3년에 싹이 트는 것이므로 당년에는 싹트는 기간이 길어 출아가 고르지 못하고 출아율도 낮다. 따라서 식재 1~2년 차에는 수수, 콩, 율무 등 타 작물을 재배하여도 된다. 심을 때는 생장점이 위로 오게 심고, 복토를 될 수 있으면 깊게 한다.

다. 본밭 관리

1~2년 차에는 출현율이 낮아 타 작물(콩, 수수 등) 식재가 가능하고, 3년 차 이상의 본밭은 100% 이상 출현하여 잡초 발생을 억제하며 밑거름으로 퇴비 1톤과 복비 60kg을 추비로 복비 60kg을 8월 중하순경에 준다. 가뭄 시에는 관수를 충분히 하고 수시로 제초한다.

정식한 후 4~6년 뒤에 수확하게 되므로 매년 비료를 주어야 한다. 화학비료를 너무 많이 주게 되면 지상부만 웃자라고 뿌리 수량이 적게 된다. 그러므로 가급적이면 완효성인 복합비료를 사용하는 것이 좋다.

5. 병해충 방제

가. 잎마름병
잎 가장자리로부터 누렇게 말라 들어가며 병이 심하게 진전되면 잎이 오글오글해지면서 고사한다.

나. 뿌리썩음병
장마기에 땅 근처의 뿌리줄기가 변색되어 썩으며 지상부의 생육이 나빠지고, 뿌리가 잘 크지 않고 식물체가 모두 말라죽는다. 물 빠짐이 좋지 않은 점질토에서 많이 발생한다(배수 관리 철저).

다. 탄저병
6~8월 사이에 잎과 줄기에 발생되고 심하면 잎이 마른다. 비, 바람이 심하고 습도가 높을수록 병이 심하다.

라. 흰가루병
잎과 열매에 발생하며 발병 초기에는 흰색 반점이 생기면서 잎과 열매에 밀가루를 뿌려 놓은 것 같이 보이며 비교적 고온건조한 상태에서 발병된다.

마. 점무늬병(斑點病)
잎, 잎자루에 주로 발생하며 발생 초기에는 갈색 반점이 형성되나 병이 진전되면 회갈색, 대형의 원형 또는 부정형 반점으로 나타난다.
하엽부터 상엽으로 진전되며 고온다습한 조건에서 피해가 크다.

바. 푸른곰팡이병

열매에 주로 발생되며 황정의 병에는 시험된 방제약제가 없으므로 병이 심하면 전문가와 상의하여 원예 전용 살균제를 살포한다.

사. 진딧물

유묘 때 가뭄이 계속되면 진딧물이 발생하기 시작하는데 발병 초기에 진딧물 약을 뿌려 준다.

6. 수확

수확은 봄, 가을에 할 수 있으나 봄에 수확하게 되면 수분이 증발되어 품질이 떨어지고 수량도 낮게 되므로 가급적이면 가을 낙엽이 지는 10월 하순경에 수확하는 것이 질이 좋다. 종근으로 심었던 것은 4~6년 후에 수확하는 것이 좋다.

4년 차 이상은 9~11월 사이에 수확한다.

굴삭기를 이용하여 수확하면 1일 작업량은 500평 정도에 작업 인부는 대략 13명 내외이며 수확량은 9,000~18,000kg 정도 된다.

오미자

1. 일반 특성 및 재배 적지

한약명은 오미자(五味子)이며 이용 부위는 열매이다.

○ 자생지: 중부 이북 해발 300~500m 중산간 계곡이며 여름철 기온이 서늘한 곳
○ 재배 적지: 기상 비율이 높은 양토, 사양토 적지
  - 호광성 식물로 우리나라 전 재배 가능하다.
  - 지하 수위가 낮고 배수가 잘되는 곳이 좋다.

2. 오미자의 번식 방법 및 육묘

번식 방법에는 종자 번식, 분주 번식, 접목 번식이 있다.

종자 파종 적기는 3월 중순~4월 중순이다.

○ 우량묘의 조건
  - 묘목 지제부 주경의 굵기가 3mm 이상일 것
  - 마디 사이가 짧고 눈이 충실할 것
  - 굴취 후 잔뿌리의 양이 많고 주근이 절단되지 않을 것
  - 주경의 지제부에 잘록병 발생의 흔적이 없을 것

오미자의 식물학적 특성으로 뿌리의 80% 이상이 토양 10cm 깊이 내외에 분포하는 천근성 작물이므로 관수작업이 매우 중요하며, 한발 피해로 과실이 더 이상 비대하지 못하고 생육이 정지되거나 수분 공급 부족으로 말라서 갈색으로 변화하는 현상이 나타난다.

특히 관수가 중요한 시기는 수정기(5월 초), 과실비대기(7월 초~8월 초), 성숙기 등이다.

3. 오미자의 정식

- 정식 시기: 늦가을(11월)이나 초봄(3월 중순)
- 피복: 흑색 필름
- 재식 거리: 20~50cm

오미자를 울타리식 수형으로 재배할 경우에는 열간 2.7m, 주간 25~30cm 간격으로 식재하면 적당하고, 덕식은 열간 2.7m에 주간 30~40cm, 하우스 틀을 이용한 수형으로 재배할 때는 5.2m×주간 30~40cm를 기준으로 식재하면 적당하다.

물 빠짐이 좋은 포장은 일반적인 나무 심는 방법대로 식재하고, 동일한 포장 내라도 배수가 안 되는 지점이나 점토 함량이 많은 토양에 과원을 조성할 경우에는 지표면보다 10~20cm 흙을 모아 올려 심기를 해 주면 습해를 줄일 수 있다.

심을 위치가 결정되면 묘목을 놓고 완숙 퇴비가 50% 정도 섞인 흙을 이용하여 복토한 후 답압하여 고정시키고, 묘목의 줄기를 지표부 20cm 내외에서 절단하여 과도한 증산작용을 억제한다. 또한 묘목 식재 후에는 검은 멀칭이나 볏짚으로 피복해 줌으로써 한발 피해를 줄일 수 있고 잡초 발생을 막을 수 있다.

오미자는 잔뿌리가 많기 때문에 굴취 시 뿌리가 공기 중에 노출되면 건조 피해를 받기 쉽기 때문에 묘목 굴취 시 실뿌리가 상하지 않도록 조심스럽게 작업하고 굴취 즉시 소형 비닐봉지에 포장하여 줌으로써 상처나 건조를 막을 수 있다. 굴취 후에는 신속히 식재하는 것이 좋지만 기상의 악화나 작업계획의 차질로 인해 식재까지 기간이 길어지리라 예상되면 과습하지 않는 장소에 가식한다.

4. 시비량 및 시비 방법

오미자의 생육 시기별 양분 흡수 양상은 5월 하순까지 질소량이 많을 경우 초기 낙과율이 높아지고, 6월 상~7월 중순까지 양분이 부족할 경우 과립 비대가 적고 다음 해 수꽃 발생률이 높아 수량이 감소되며, 7월 하순 이후~수확기까지 착과량이 많을 경우 비절 현상이 발생하여 착색이 불량해진다.

3년생 주의 시비량은 요소 10kg, 인산 8kg, 칼리 8kg가 기준량이다.

5. 오미자 줄기 유인

덩굴성 식물로 50cm 정도 자랐을 때 유인한다.

6. 본밭 관리

- 지주 세우기
- 잡초 방제

7. 낙과 원인 및 대책

가. 기상 요인

7~8월 과습, 일조 부족, 강풍으로 식물체의 수분이 증발될 때 낙과율이 높아진다.

나. 토양 조건

배수불량 토양, 건조한 토양, 산성토양에서 낙과율이 높다. 그 대책으로 적지를 선정하고 석회를 시용하여야 한다.

다. 미량요소 결핍

마그네슘 결핍 증상은 잎에 황갈색의 반점이 생기며 낙과가 되는 것이므로 고토석회 20kg/10a, 황산마그네슘 5~6kg/10a을 시용한다. 붕소 결핍 증상은 위축현상이 발생되며 낙과가 심한 것이므로 2~3년 주기로 붕사 3~4kg/10a를 시용한다.

8. 병충해 방제

가. 오미자의 주요 병해: 점무늬병, 탄저병, 흰가루병, 역병

○ 점무늬병

생육 중 가장 많이 발생하며, 고온다습 조건에서 증가한다.

6월 상순(장마기)에 발생하며, 8월 하순~9월 중순이 최성기이다.

세력이 약하거나 과도한 결실이 이루어지는 포장에서 증가한다.

적용약제를 살포하거나 전정을 통해 번무를 억제한다.

○ 탄저병

점무늬병의 병징과 발생 시기가 유사하며 한 병반에서 두 가지 병원균이 동일하게 분류되는 경우가 많다. 그러나 구별되는 특징으로 점무늬병은 병반이 둥근 형태를 나타내나 탄저병은 병반의 형태가 부정형이고 결각을 형성한다.

○ 흰가루병

잎과 열매에 밀가루를 뿌려 놓은 것처럼 보인다.

고온건조하고 통풍이 안 되는 곳에서 발병이 증가하며 초기에 방제하지 못하면 당년 수량이 급격히 감소한다.

식물체를 튼튼하게 관리하여 병에 대한 저항성을 키우도록 과원을 관리한다.

나. 오미자의 주요 충해: 깍지벌레, 노린재류, 박쥐나방 등

○ 뽕나무깍지벌레

피해 증상은 지름 1cm 내외의 흰색 깍지덩이가 관찰되고 줄기와 가지는 거친 밀가루를 뿌린 듯이 희게 보인다. 나무의 줄기와 잎에 부착하여 흡즙하므로 피해를 받은 나무는 수세가 약해져서 조기 낙엽되며 심하면 말라죽는다.

월동해충으로서 알로써 부화하여 연 2회 발생한다. 첫 약충의 발생 시기는 5월 중하순이고, 2회 약충은 8월 상중순에 나타난다.

○ 응애

휴면 암컷 상태로 월동하고 3월 상순 이후 적갈색으로 변하여 산란을 시작하며, 연 수회~10회까지 발생한다. 흡즙 해충으로서 피해를 받은 잎은 백색의 탈피반과 붉은색의 응애가 관찰되고 피해가 진전되면 잎이 갈색으로 변해 조기 낙엽된다.

○ 깜보라노린재

성충은 5~10월에 발생하며 약충과 성충이 잎과 순을 흡즙하여 피해를 준다. 가해 부위는 잎의 엽록소가 흡즙되어 흰 반점이 많이 남고 심하면 그 부위가 갈변한다.

9. 수확

개화 후 90일이 되면 과실이 연홍색으로 변하고 110일경에는 연적색을 나타내는데, 이 시기에 수확된 과실을 건조하게 되면 종피색이 갈색이나 연적색의 상품성이 없는 과립이 대량 발생한다. 120~125일경에 이르면 과피는 적색으로 변하고 과립이 말랑거리기 시작하는데, 이 시기에 수확한 과실이 건물중이 가장 높다.

그러나 이 시기가 지나면 숙기가 지난 과방과 과립이 탈락되어 수량이 감소하는 경향을 보인다.

과실은 성숙이 완료된 이후 기간이 경과될수록 탈과량이 증가하며 수확 작업 시 능률도 저하된다. 또한 건조를 위해 건조기를 이용할 경우 수분함량이 많으면 전기나 유류 소모량이 증가하기 때문에 수분함량이 낮아진 시기에 수확하는 것이 경영상 유리하다. 이러한 점을 고려했을 때 오미자는 개화 후 120~125일경에 수확하는 것이 적당하다.

10. 전정 대상

- 겨울철에 동해를 입은 가지
- 병해충에 의해 피해를 입은 가지
- 짧고 연약한 가지
- 햇빛의 투광을 방해하는 가지
- 서로 겹치는 가지 등

백수오

1. 일반 특성

○ 식물명: 큰조롱(기원식물)
○ 생약명: 백수오(白首烏)
○ 이용 부위: 덩이뿌리

다년생 초본이며 덩굴성 식물로서 제주도, 남부지방, 중부지방, 북부지방 산야지, 산기슭, 양지, 초원과 해변의 비탈진 곳에 자생한다. 길이는 1~3m이며, 줄기는 담녹색을 띠고 시계 반대 방향으로 주변의 물체를 감고 올라간다. 줄기와 잎을 자르면 백색 유액이 나온다.

잎은 대생(對生)하며 심장형이고 표면은 농록색이며 뒷면은 담록색으로 잎 끝은 뾰족하다. 잎 가장자리는 굴곡이 없이 밋밋하며, 엽자루는 원줄기 밑부분의 것은 길고 위로 올라갈수록 짧아진다.

7~8월에 연한 황록색 꽃이 피며 작은 꽃들이 우산 모양으로 피어 9월경에 긴 꼬투리가 생긴다. 꼬투리는 길이가 8~12cm 정도, 폭 1~1.4cm 정도의 피침형이며 그 속에는 80~100알 정도의 종자가 들어 있다.

2. 백수오의 효능

자양, 강장, 보혈 등의 효능이 있으며 《동의보감》에 기록된 백수오의 효능을 살펴보면 '혈기를 보하며 힘줄과 뼈를 튼튼하게 하고, 머리털을 검게 하고 얼굴빛을 좋게 만든다'고 전한다.

3. 재배 적지

우리나라 전 지역에서 재배가 가능하며, 토양은 유기물 함량이 많으면서 배수가 양호한 양토, 사양토가 적지라고 볼 수 있다.

토심은 20~40cm 정도가 적당하다.

물 빠짐이 나쁘면 뿌리가 부패하기 쉽고, 토심이 낮으면 뿌리의 뻗음이 나쁘고, 찰흙이 많은 밭은 뿌리의 비대가 나쁘고 수확이 힘들며, 자갈이 많은 밭에서는 뿌리의 발달이 좋지 않고 모양도 나쁘다. 사질토양에서는 잔뿌리가 많이 발생하여 품질이 떨어지며 수량이 낮게 된다.

4. 직파 재배

- 중부 산간지방 3월 하순~4월 상순에 두둑 비닐피복
- 종자 소독제로 소독한 종자 3~5립 파종(130g/10a)
- 싹이 20~30cm 정도 자랐을 때 1~2주 남기고 솎음
- 지주는 무지주, 울타리형, 아치형이 있다.

5. 종근 식재

- 파종: 4월 초 / 출아: 5월 초중순 / 수확: 11월
- 재식 거리: 두둑 90cm×헛골 50cm, 조간 40cm, 주간 20cm, 2줄 식재
- 평균 수량: 1~3kg/평

 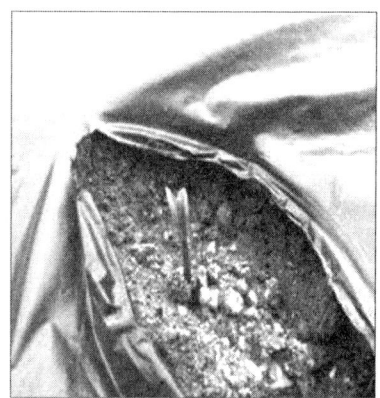

6. 육묘이식 재배

- 파종: 3월 중순 / 정식: 5월 상순 / 수확: 11월
- 재식 거리

  두둑 90cm×헛골 50cm, 조간 20cm, 주간 20cm, 3줄 식재

  두둑 90cm×헛골 50cm, 조간 40cm, 주간 20cm, 2줄 식재
- 평균 수량: 2~3kg
- 최고 수량: 7~8kg/평

7. 병해충 관리

가. 갈색무늬병

여름철 고온다습 시에 많이 발생하며 통풍과 채광에 주의

나. 시들음병

발병 초기에는 잎이 자주색으로 변하다 진전되면 주 전체가 시들어 고사하며, 토양 전염을 하는 병이므로 심을 때 종자나 종근을 철저히 소독한다.

연작지에서 피해가 심하며 병원균은 후사리움 속 균이다.

이병주는 신속히 제거하여 소각한다.

버림받은 詩를 위하여

나 어릴 적 꿈은 시인!
한 줄만 읽어도 눈물이 핑 도는 詩를 쓰겠노라고~

하지만 나는 살아오면서 오염된 문명에 젖어
詩를 쓰는 마음을 잃어버렸고
세상 사람들은 詩를 읽는 마음을 잊어버렸다.
물질만능과 성급한 금욕주의가 세상을 지배할 무렵
詩는 마음속에 비친 나를 보는 거울이기에 우리는
스스로를 지켜볼 자신이 없었나 보다.

그러나 세상으로부터 버림받은 詩가 많아질수록
나는 더욱 열심히 詩를 쓸 것이다
詩는 언젠가 우리가 다시 돌아가야 할 마음속 고향이기 때문에……

10

산채
(두릅, 산마늘)

산채는 자연 그대로의 산야에 자생하는 식물 중 식용이 가능한 식물의 총체이다.

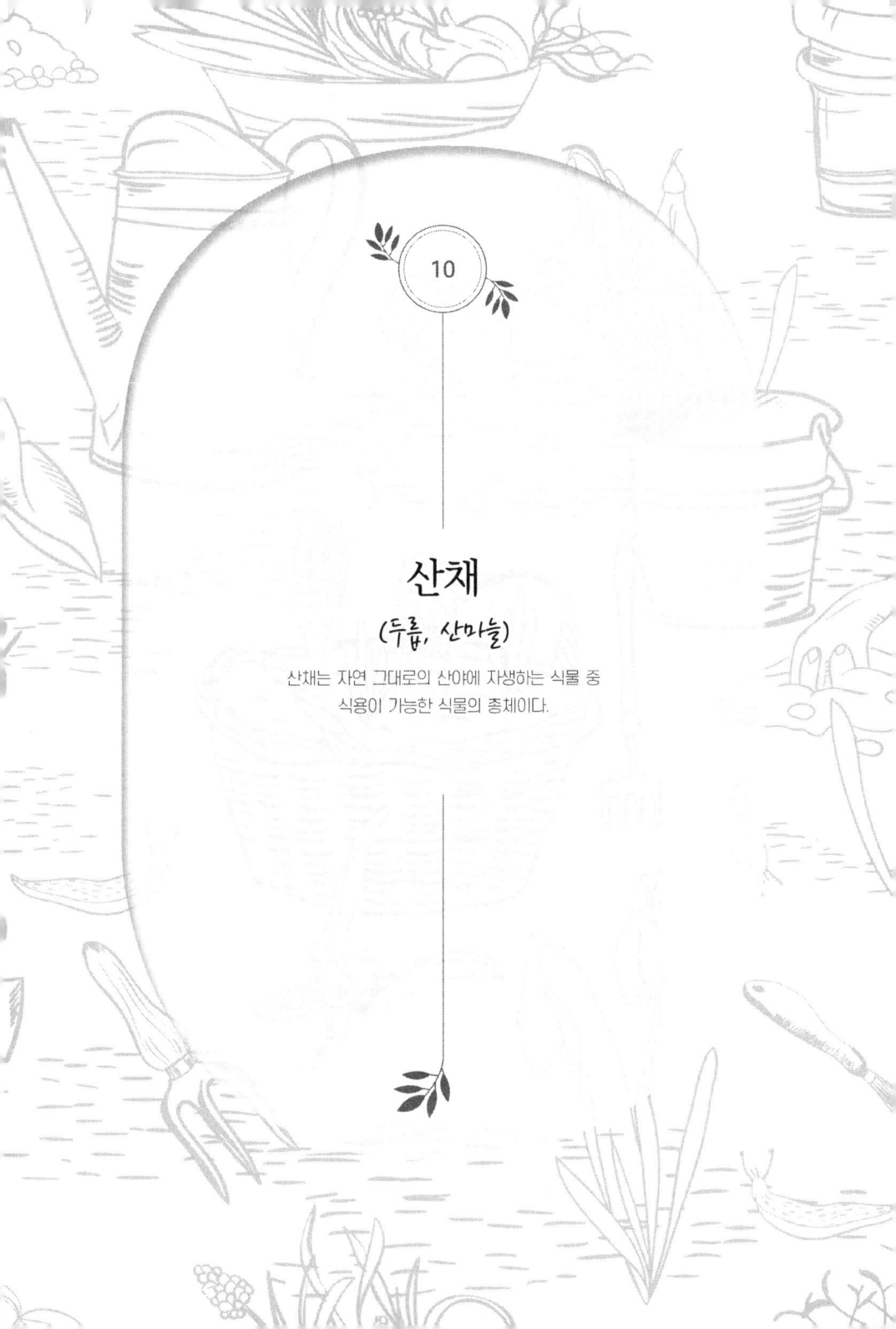

※ 산채에 대하여

  산채는 자연 그대로의 산야에 자생하는 식물 중 식용이 가능한 식물의 총체이다.

  현재 더덕을 비롯해 식품적 가치가 높고 기호성이 높은 37종 정도가 농가에서 재배되고 있다.

  산채는 건강식품으로서의 가치가 높고 무공해 식품으로서의 인식이 좋아 웰빙, 관광 먹거리 상품, 수익 작목으로서의 전망도 좋다고 생각한다.

  최근 10여 년간 꾸준히 소득도 괜찮고 인기가 좋은 품목으로 더덕, 산마늘, 곰취, 머위, 두릅, 눈개승마 등이 있다.

  필자의 생각으로, 지역적 특성과 연계하여 소비자에게 어떻게 팔 것인가에 초점을 두고 유망 산채류를 몇 가지 선택하여 지역 특화 작목으로 육성해 보는 것도 괜찮은 아이디어가 될 것이다(1마을 1산채).

두 릅

1. 특징 및 분류

- ○ 식물학적 분류
  - 두릅나무과 두릅나무속
  - 키 작은 낙엽활엽 수종으로 약용과 식용으로 쓰임
- ○ 한방 이용: 해열, 강장, 건위, 이뇨, 진통, 발기력 부족 등

2. 재배 동향

전국적인 재배면적이 717ha(호당 0.25ha), 농가 수는 3,000호 정도이다.

3. 재배환경

- ○ 양지성 식물(음지에서는 생육 부진)
- ○ 천근성(토층 10cm 이내 60% 이상 근권 형성)
- ○ 호기성 식물, 물 빠짐이 좋은 토양에서 잘 자란다.
  (경사지 토양, 모래, 자갈이 많은 토양이 유리함)
- ○ 토양 산도는 pH 5.5~6.5 범위가 적당
- ○ 국내종 품종으로는 지방 수집종, 육성종(건국1호)

4. 번식 방법

가. 종자 번식

일시에 많은 양의 종묘를 확보할 수 있는 장점이 있으나 품질의 균일도가 저하되고 생산 시일이 길다.

나. 번식 요령

○ 지베렐린 처리 방법: 채종한 종자를 GA_3 3,000ppm에 30분 침지 후 파종
○ 저온 습사 처리 방법

종자채종(10월경) – 침종, 과육 제거(흐르는 물에 10일) – 습사 처리(10~3월) – 파종(발아율 80% 이상)

다. 뿌리 삽목 번식

형질이 균일한 종묘를 얻을 수 있고 단시일 생산 가능하나 이병된 모수 뿌리 이용 시 병 감염이 취약하다.

○ 삽목 요령
 – 삽수 조제: 직경 0.3~1cm, 길이 6~10cm 절단
 – 삽목 장소: 물 빠짐이 잘되는 곳(사질양토)
 – 재식 밀도: 40×20cm 간격, 5cm 깊이 평삽 삽목
 – 삽목 관리: 볏짚 등을 덮어 수분 유지, 잡초 억제

5. 노지 재배

가. 본밭 심기

- 정지작업: 반드시 물 빠짐 좋은 사양질 석력 토양, 두럭은 물 빠짐 잘되는 방향으로 높고 크게 만든다.
- 심는 시기: 중북부지역 3~4월
- 심는 방법: 입고역병균 방지(리도밀엠지 200배액)를 위해 종묘 소독
- 심는 거리: 포기 50~60cm, 골 150cm(1,100~1,300주/300평)

나. 나무 수형 다듬기

- 전정 시기: 5월 초중순경, 두릅(새순) 수확 직후
- 전정 방법
  - 1년 차 20cm, 2년 차부터 50cm 높이 전정
  - 줄기 직경 2cm 이상을 목표로 측지 정리
  - 1주당 4개, 3.3m^{2}당 30개 정도의 줄기를 확보

6. 병충해

가. 입고역병

- 전물에 의해 전염되는 곰팡이성 균. 지온이 15~27℃인 때 배수불량한 곳에서 많이 발생됨
- 대책
  - 종묘는 무병 건전묘 이용, 심기 전 리도밀엠지 200배 처리
  - 반드시 물 빠짐 좋은 곳에서만 재배, 30cm 이상 높은 이랑 재배

나. 더뎅이병

○ 장마철 전후 많이 발생, 잎과 새싹, 어린줄기 등에 괴저 형태의 갈색 반점이 불규칙하게 발생

○ 대책
  - 바람이 적은 방향으로 재배하여 기계적 상처를 줄이고 비료 과다 사용 금지, 밀식되지 않게 한다.
  - 증상이 심하면 안트라콜 500배, 톱신엠수화제 1,500배 살포

산마늘

1. 과명: 백합과

2. 특성

- 백합과 다년생 식물
- 식물 전체에서 마늘 냄새가 나며 우리나라에는 지리산, 오대산, 설악산의 높은 지대와 울릉도에 자생한다.
- 자생 지역에 따라 생태적으로 차이가 있고 백두대간을 중심으로 한 오대종과 울릉종으로 나눈다.

3. 산마늘의 효능

건강기능성 식품으로 인지도가 꾸준히 증가하고 있어 재배면적도 늘고 있는 산마늘은 자양 강장 효과가 높은 산채로 '맹이(命)나물'이라는 별명으로 불린다.

산마늘의 독특한 향은 황화아릴 성분이며 입맛을 자극하고, 각종 무기성분과 비타민 등이 풍부하여 우수한 식품으로 인정받고 있다. 국외 연구 결과에 의하면 산마늘 추출물이 혈소판의 응집을 막아 심장 건강 향상에 도움을 준다고 한다. 산마늘은 3월부터 5월까지 주로 잎과 줄기를 나물로 먹으며, 화뢰가 보이기 직전까지가 식용하기에 적합하다.

4. 재배환경

가. 온도

산마늘은 마늘과 같이 기온이 높아지면 하고(夏枯) 현상이 발생한다. 따라서 초가을까지 잎이 고사되지 않고 푸른 상태를 유지할 수 있는 표고 600m 이상의 지역이 재배 적지라고 볼 수 있다.

산마늘은 봄철 한낮의 온도가 5~6℃가 되는 시기에 생육을 개시하며, 어린 유엽기에는 저온에 견디는 힘이 강해 야간기온이 −6.7℃까지 떨어지는 조건에서도 잎이 얼었다 녹으면 정상적으로 회복되기 때문에 동해 피해를 받는 일이 거의 없다.

산마늘의 생육적온 범위는 야간 12~15℃이고, 낮 온도는 18~20℃ 내외이며 비교적 서늘한 환경을 좋아한다.

나. 습도

산마늘과 같이 광엽이면서 반음지식물인 경우 상대습도를 75~85%로 다습한 조건에서 관리하여야 한다.

다. 햇빛

생육 초기에는 광 요구량이 높은 편이나 온도가 높은 6월 이후부터는 반대의 경향을 나타낸다. 산마늘은 광보상점이 낮은 음지식물이므로 양지성의 식물과 교호로 간작재배를 할 수 있을 뿐만 아니라 수목류 밑에서도 적응력이 높다.

햇빛을 지나치게 차광할 경우 지상부의 경엽중이 감소하고 줄기가 가늘어지며, 인경구 비대와 분구가 억제되므로 해가림 정도는 30~50% 수준이 좋다.

5. 종묘와 번식 방법

오대종은 마늘향이 많고 풍미가 있어 품질은 매우 우수하나 평난지지역에서는 여름철 고온에 견디는 힘이 약해 표고 600m 이상의 고랭지지역에서만 재배가 가능하며 재생력이 약해 수량이 떨어지는 단점이 있다.

울릉종은 매운맛과 풍미는 다소 떨어지나 평난지에서 고랭지지역에까지 재배 적응력이 높고 수량성이 높아 대부분의 농가가 울릉종을 선택하여 재배하고 있다.

번식 방법은 종자와 포기나누기가 있는데 대량 번식을 위해서는 종자를 이용한 번식 방법이 유리하나 성묘가 되기까지 3~4년이 걸린다.

포기나누기는 당년에도 수확이 가능하지만 종구를 구하기가 어렵고 가격이 비싸다는 결점이 있다.

석양이 질 무렵 당신은 행복한가?

텃밭에는 상추를 심고 비탈밭은 산마늘을 심고
부족한 나의 마음엔 정성껏 감성을 심는다.
봄비가 대지를 적시고 또 한낮의 태양이 모든 살아 있는
생명에 축복을 내릴 때,
오염된 삶의 자화상을 벗어 버리고 자연을 입는다.

낙엽 같은 하루가 지나고 지금 나는 목마른 계절의
한가운데 와 있다.
막걸리 한 사발에 목을 축이며 나에게 묻는다.
지금 이 순간 당신은 행복한가?

11

식용곤충의 의미

식용곤충산업은 환경오염이 적고 사료가 적게 들고
공간을 적게 차지하며 구리, 철, 마그네슘, 망간, 인, 셀레늄,
아연과 섬유질이 풍부하여 미래 식량산업의 블루오션으로 평가받고 있다.

식용곤충의 의미

1. 현황

2010년 「곤충산업의 육성 및 지원에 관한 법률」이 제정되었고 2011년 식용으로 곤충을 이용하기 위한 연구가 시작되었다.

현재 국내에서 식용이 가능한 곤충은 7종으로 벼메뚜기, 누에번데기, 백강잠, 갈색거저리 유충, 흰점박이꽃무지 유충과 쌍별귀뚜라미 유충, 장수풍뎅이 유충 등이 있다.

갈색거저리 유충과 쌍별귀뚜라미는 2016년 3월에 정식으로 등록되었다

2. 식용곤충산업의 의미

식용곤충산업은 환경오염이 적고 사료가 적게 들고 공간을 적게 차지하며 구리, 철, 마그네슘, 망간, 인, 셀레늄, 아연과 섬유질이 풍부하여 미래 식량산업의 블루오션으로 평가받고 있다.

식용곤충이 새로운 식품소재로 되기 위해서는 사육농가가 조성되어 있고 대량 사육 시스템이 확립되어 있어 소비층이 어느 정도 확보되지 않으면 안 된다.

곤충을 식품원료로 쓰기 위해서는 안정성이 입증되어야 한다. 2014년 7월 국내 최초로 과학적 입증을 거쳐 새로운 식품원료로 '갈색거저리 유충(고소애)'을 등록하였다.

3. 식용곤충산업의 한계

곤충은 아직도 혐오식품으로 인식되고 있다. 친환경적이고 영양이 풍부한 미래 식량자원으로의 대국민 인식 전환을 위해, 곤충 생산 시스템을 보다 체계화시켜야 한다.

epilogue

지난 20여 년간 우리 농업은 빠르게 변화하여 왔다.

이처럼 빠르게 변화하는 농업, 농촌의 현실에 발맞추어 시대의 요구에 부응하고 나아가 미래 농업에 능동적으로 대처하여 새로운 꿈을 담을 시기가 왔다고 생각한다.

현재 우리 농업의 현실은 매우 힘들고 수많은 난관에 봉착해 있다.

하지만 "농업과 농촌의 발전 없이는 선진국이 될 수 없다"고 말한 사이먼 쿠즈네츠의 말처럼, 우리는 다가올 천년을 준비한다는 생각으로 농업, 농촌의 미래를 고민해야 한다.

기후변화 및 기상이변에 장기적으로 대응하기 위한 전략적 목표와 스마트농업의 실현, 친환경적인 지속가능한 농업, 고품질 안전 농산물의 생산, 농업의 국제 경쟁력 제고 등 우리가 극복해야 할 과제는 너무나 많다.

물론 귀농·귀촌사업도 마찬가지이다.

철저하게 준비된 귀농만이 성공할 수 있다는 생각으로 스스로 행복할 수 있는 귀농·귀촌인이 되기 위해 최선의 노력을 다해 주기를 바라며 귀농·귀촌을 희망하는 모든 분들의 행복한 삶을 응원한다.